她能量

破除性别刻板印象，活出自己的气场

晏凌羊 著

四川文艺出版社

图书在版编目（CIP）数据

她能量：破除性别刻板印象，活出自己的气场 / 晏凌羊著 . -- 成都：四川文艺出版社，2022.6

ISBN 978-7-5411-6313-5

Ⅰ.①她… Ⅱ.①晏… Ⅲ.①女性－成功心理－通俗读物 Ⅳ.① B848.4-49

中国版本图书馆 CIP 数据核字 (2022) 第 061961 号

TA NENGLIANG : POCHU XINGBIE KEBAN YINXIANG, HUOCHU ZIJI DE QICHANG

她能量：破除性别刻板印象，活出自己的气场

晏凌羊　著

出 品 人	张庆宁
出版统筹	众和晨晖
选题策划	关　耳
责任编辑	彭　炜
封面设计	仙境 WONDERLAND Book design
责任校对	段　敏
版式设计	孙　波

出版发行　四川文艺出版社（成都市锦江区三色路 238 号）
网　　址　www.scwys.com
电　　话　028-86361802（发行部）　　028-86361781（编辑部）

印　　刷　大厂回族自治县德诚印务有限公司
成品尺寸　145mm×210mm　　　开　本　32 开
印　　张　8　　　　　　　　　　字　数　180 千
版　　次　2022 年 6 月第一版　　印　次　2022 年 6 月第一次印刷
书　　号　ISBN 978-7-5411-6313-5
定　　价　45.00 元

自序：
活得独立，活出力量

（一）

这几年，"独立女性"这个词特别火。

前段时间，网上还热烈地讨论"家庭主妇到底算不算独立女性"这个议题。看到这个议题，我一愣，心想：怎么就不讨论怎样怎样的男人算不算"独立男性"呢？大家都是"人"，难道男性天生比女性更独立吗？再者，你独不独立，还要别人来评判，这叫哪门子"独立"？

在互联网上，"独立女性"已经变成了一个框，什么东西都可以往里装。很多人衡量一个女性是否独立的标准，是她有没有工作、有没有钱、是不是不婚不育、有没有买房、孩子是否跟自己姓……可我觉得，真正的独立是不能由这些外在的东西和世俗的标准去定义的。它的内涵其实很简单：你能不能自主选择、自我负责。

在我看来，任何一个人都不该被"身份"和外在条件所定义。身份只是一个人身上的标签，外在条件也只是"身外之物"，"一个人到底是怎样一个人"主要还是由其精神内核决定的。

追求独立和卓越，应该是一个普世价值，而不是单针对男人或女人。

你独不独立，也不是看你是男是女、从事的是哪种职业，而是看你是否有颗很强大的心、有充足的底气，是否能把握人生的主动权，是否能承担自己的每一个选择，是否能担起自己的人生，是否可以不断成长和进步。

换而言之，你有怎样的身份并不重要，重要的是"自主"和"担当"。

我所理解的独立女性，是自尊、自立、自强、自主、自爱，是在自我发展和提升的道路中，不被性别意识捆住翅膀，不依附他人，不依赖权威，有独立的思考和判断能力，能自主发展、自我负责。

这些年来，我见过太多不独立或不够独立的女性。她们可能身处一个不幸的原生家庭，从小就期待通过嫁人改变自己的命运，以弥补原生家庭给自己带来的心理缺失。她们认为结婚是自己改变命运的唯一出路，总想攀附一个男人，总希望生命中出现一个盖世英雄踩着七彩祥云来拯救自己，并把大好的时光都拿去追逐这些。

待得有一天，她们终于意识到"依附是有代价的，女性真的只有靠自己才能获得人生的主动权，收获真正的幸福"时，却无奈地发现：人生奋斗的黄金期已经过去。人到中年，她们受到各种桎梏和拖累，只是挣点儿面包钱、把孩子照顾好、一日三餐做好，就已经用尽了全力，再没有多余的时间、力气去打拼，只能感慨一句"少壮不努力，老大徒伤悲"。

女人的依附思想，从某种程度上说是人生陷阱和慢性毒药。

这一点，波伏娃早阐述得明明白白："男人的极大幸运在于，他不论在成年还是在小时候，必须踏上一条极为艰苦的道路，不过这是一条最可靠的道路；女人的不幸则在于被几乎不可抗拒的诱惑包围着，她不被要求奋发向上，只被鼓励滑下去到达极乐。当她发觉自己被海市蜃楼愚弄时，已经为时太晚，她的力量在失败的冒险中已被耗尽。"

爬山很辛苦，而下滑是很容易的，但是，当你滑下来以后再攀爬到你原本可以到达的位置，可能需要两年、五年、十年，甚至是一辈子。你要知道的是，若有人真能免你惊，免你苦，免你四处流离，免你无枝可依；就也能令你惊，令你苦，令你四处流离，令你无枝可依。

一个最简单的人生道理是：我们的幸福程度，往往取决于多大程度上可以脱离对外部世界的依附。你越独立，就越强大；你越独立，就越自由；你越独立，就越幸福。

（二）

前几天，一个年轻姑娘问我："姐姐，你是怎么变成独立女性的？"

我不敢说自己现在就是个"独立女性"，但比起二十几岁时真的要独立多了。

如果我有资格来回答这个问题，我会回答：第一，适度的创伤；第二，时间。

成长需要时间，但快速的蜕变需要有"创伤"的激发。有句话叫"不撞南墙不回头"，你只有真真切切摔过跟头，对于世事才会有切肤的体验和感悟。当然，前提是你得有足够的悟性。没有悟性的人，摔一次跤跟摔一百次跤没有区别。

为何我会说是"适度的创伤"呢？因为人也像弹簧一样，超过一个临界值就直接被碾压扁，永远弹跳不起来了。而且，创伤有时候也需要来得"是时候"。

四十岁之前，创伤性的遭遇会让你成长，改变你看待生活的"滤镜"。四十岁之后，人生的出路、退路变窄，摔一跤后想要东山再起，难度就会变大。但如果一个人在四十岁以前一直顺利，四十岁后再遭遇大的创伤，也有可能一蹶不振。

这就是为什么年少的时候我们不怕失败，相信"失败是成功之母"，而年岁渐长之后，我们只求稳当。

三十几岁的年纪，不年轻了，但也不算老。我很庆幸自己能够及时开悟，庆幸自己心中已形成了一定的信念。什么是信念？就是你对世事的解释方式。

那些无法自圆其说的部分，就叫迷茫。

人到中年，我依然有迷茫的时刻，只是频率变小了。

胡茵梦说："年轻时候以为找个有才华的男人自己也能获得成长，后来发现一个女人内心的成长还是得靠自己。"

这话其实对男性也适用。

不管你是男是女，现在是得意还是失意，我们注定只能靠自己走完剩下的人生，忍受孤独与落寞，学会原谅与和解，实现蜕变和成长。能一直陪伴我们的，只有路上的那些风风雨雨。

年轻的时候，我以为跟随着他人的脚步，我也能获得成长，可后来，我发现：独立和成长是一条孤独的路，一切只得靠自己。

人生如逆旅，一路有风雨有阳光，我们会遇到善也会遇到恶，但这一路真正能一直陪伴我们的，只有自己。我们注定只能靠自己的力量走完这一程，要自己一个人忍受孤独与落寞，学会原谅与和解，实现蜕变和成长。

追求独立是一个动态的过程，不是你到达了某个山峰就算胜利。我们需要不断学习，不断反思，不断探索，不断突破。

我们可以走弯路，可以有懵懂，但要及早觉醒。越早觉醒，你的人生越早免于被动。

我们需要早一点儿让自己的内心平静下来，看淡外界浮华，不再执着短暂的得失，不再辛苦取悦他人，而是明白自己真正想要的是什么，再努力去做自己内心真正想做的事。在做自己热爱的事情中获得内心的充盈和自由，这就是你我这样的现代女性在觉醒之后，要寻找的"天命"。

觉醒并不是一件容易的事，需要悟性和契机。觉醒之后的路更是充满荆棘，但你要舍得对自己发狠，世界就会为你让路。

想起我二十四五岁的时候，社会加诸剩女的舆论压力还是非常大的。十几年过去，社会风气慢慢变了，与众不同的生活方式也能得到尊重，独身主义甚至成为一种"微潮流"。人们更多关注内心的富足、自由，对婚不婚、生不生这事表现淡然。而我们，要从我做起，尽力拆除思想的藩篱，拿出改变自我、再创明天的执行力，言传身教，让下一代女性少走一些弯路。

我真心觉得这一届女性独立意识越来越强，而且她们比上一代更有行动力。开始有越来越多的女性活得独立、自主、自强、自尊、自爱，她们与男性平等对话，不物化自己，体谅和悲悯同性的不幸处境并与同性联合起来为改变女性权益而努力。

无数个这样微小的她，将来一定能汇成一股强大的"她力量"。

我相信我女儿她们那一代，一定会过得更自由、更美好、更丰盛。

目
contents
录

Chapter 01
独立之人格篇

真正独立的女性，大多有主见　/ 002

不配得感，是幸福的绊脚石　/ 008

要培养自己的"幸福力"　/ 013

自信的女人，离幸福更近　/ 018

不如先改变命运，再去赢得爱情　/ 023

婚恋中的女人，最忌有"托付终身的心态"　/ 028

要爱情，但不要"爱情至上"　/ 033

养宠式爱情，真的幸福吗　/ 038

相爱时深情，不爱时请做个狠人　/ 043

失恋是人生的必修课　/ 051

Chapter

自由之思想篇

找到你的"天命之选" / 058

先解决自己的问题，再去谈爱 / 063

爱的路上，选择比努力更重要 / 069

"人生赢家"不是包装出来的 / 074

职场不分男女，只分强弱 / 079

不要谦让，请向前一步 / 085

不会选择的本质是"不会放弃" / 092

遇到控制欲强的父母，怎么办 / 097

要适当温柔，也要适当泼辣 / 103

挺住意味着一切 / 107

Chapter 03

理性之婚恋篇

舍本逐末，是幸福路上的拦路虎　/ 114

多少感情，毁于"口是心非"　/ 121

心穷的男人，不能嫁　/ 126

任何越轨，都是要付出代价的　/ 131

有多少悲剧，始于未婚先孕　/ 137

"原谅我不能在跌入深渊时爱你"　/ 143

远离有"纠缠型人格"的人　/ 150

"规矩"不伤感情，伤感情的是你　/ 155

不懂避嫌的男人，最讨嫌　/ 161

"结不了婚，也分不了手"怎么办　/ 166

Chapter **04**
强大之意识篇

结婚要尽晚，离婚要趁早 / 174

单身不可耻，只是一种选择而已 / 184

不婚不育保平安？没必要！ / 189

相比贞操，脑子才是女性最好的嫁妆 / 197

相亲被羞辱了，怎么办 / 201

现代女性反打压指南 / 208

雌竞心态会伤害女性自己 / 217

警惕"性隐私"报复事件 / 223

请勇敢地拒绝"相貌羞辱" / 229

尊重女性，从改变"语言习惯"开始 / 235

CHAPTER 01

独立 之 人格篇

真正独立的女性，
大多有主见

（一）

曾经，有一位姑娘在微博上关注了我，后来被她老公发现了。她老公看了几篇我的文章，最后跟她说了一个结论："你知道这个作者为什么会离婚了吧？就是因为她太独立、太有钱了。你要是继续接受她的洗脑，将来说不定也会重蹈她的覆辙。"

这话说得好像离婚是件多悲惨的事一样，说得好像我之所以离婚真是因为太过独立和有钱一样。姑娘在对我"取消关注"之前，跟我说了整个事情的来龙去脉，差点儿把我笑岔气。"独立"这个评价我欣然认了，但就我这种财富级别的女人，也能叫"太有钱"？

姑娘为了不重蹈我离婚的覆辙，听从了老公的建议。

我微微为她感到有点儿遗憾，因为她似乎缺乏独立思考的能力，她的思想不是接受一个作者的"洗脑"，就是要接受老公的"熏陶"。

这些年下来，我接触到的女性，按"独立思考"能力分类，大体可以分为三类。

第一类女性，有非常强的独立意识、自由意志，有非常清晰的目标。去哪儿上学，读哪个专业，找怎样的工作，去哪个城市扎根，要跟谁结婚，生不生孩子……通通都可以自己说了算。她们往往能承担自己所做选择的每一个后果。她们即使偶有迷茫，也会想办法尝试在荆棘丛中踏出一条路来。

第二类女性，自我意志不那么强，但往往造成这一切的原因是"不可抗事件"。比如，得了疾病，身有残疾，各种先天条件不足。命运对她们比较刻薄，她们很多时候没得选，但还是会对自我有比较清晰的认知，知道自己只能做什么，只能过怎样的生活。命运对她们露出狰狞爪牙，她们有时候还会调皮地对它做个鬼脸。

第三类女性，一遇到点儿事情，就开始在独立和依赖之间摇摆。她们常常把人生中那些其实完全可以自主决定的事情，视为"不可抗事件"。比如，父母强迫自己留在本地上大学、工作，强迫自己嫁人生子，自己不想当家庭主妇但老公不允许，等等。

我的私信箱里，堆满了第三类女性写给我的求助信件。她们经常会跟我说，我爸妈公婆怎么说，我老公怎么说，我朋友怎么说，我上司怎么说……但唯独欠缺的是她自己的想法。

人群中，第三类人最多。她们大多比较懦弱、没主见，不敢为自己的选择承担责任，出了问题第一反应是去找人背锅。她们不知道自己想要成为怎样的人，不知道自己想过怎样的生活，思想意识一直处在混沌未开的状态。

设身处地替她们想一下，你会发现，她们面临的困境，并不是不可抗、不可逆转的。如果她们真有独立思维，敢于掌握命运的主动权，自然会明白哪些事是"可以自己决定的"，自然可以克服一切变数，逆流而上，向着自己的目标进发。

（二）

要想成为一个独立、有主见、能掌控自己生活的新女性，不光思想观念上"有主见"就足够了，我们还需要对某些单独针对女性的规训，保持必要的警惕和质疑。

身处一个父权社会，我们女性时常会接收到这样的规训和熏陶：

"男人是山，女人是水；男人要刚强，女人要温顺，不然，这个家庭的风水不会好。"

"女人要顾家，在事业上不需要太拼。女人干得好，不如嫁得好。事业上太拼的女性，大多家庭不幸福。"

"丈夫管不了妻子，妻子伺候不了丈夫，这个家就完蛋了。女人在家庭中，真的不应该跟丈夫夺权。"

"女人还是得有'好嫁风'，要成为男人的'长择'，要趁年轻找一个合适的男人去托付终身。过了这段最值钱的青春，以后想要再找合适的对象，就变难了。"

"你见过几个倡导两性平权的女性，是婚姻幸福的？你要是执迷不悟，就等着跟她们一样吧！"

父权主义思想仍然主导着整个社会，在某些关系中深感痛苦的人去寻求答案时，大概率上总能得到上述那样的建议。给出这些建议的人们，几乎是轻车熟路的。"思想食材"都是现成的，只需要拿过来炒炒就可以出锅。

纯女性视角的建议，反而有点儿像是"火中取栗"。你得先找个工具出来，冒着熊熊烈火，把发烫而陌生的"建议"递给求助者，还要随时接受对方因为长期父权思想规训，而生出来的质疑。

看这些言论的过程中，我有一种非常强烈的感受：身处一个父权社会，男人要给女人设置规训，随心随手都能抓到一大把理论，而且能够得到大环境的支持。如果整个大环境是水流，男人给女人设置规训是顺流而下，女人要是反规训，就是逆流而上，难度会非常大，你得跟全世界作战，没点儿定力、毅力、底气和实力根本做不到。

举个最简单的例子：男性参与社会竞争，其具有的狼性和血性是被鼓励的。女性参与社会竞争，我们的狼性是被阉割掉、打压下来的。这就相当于，大家都是乘船，但男性是顺水乘舟，而我们是逆水行舟。

几千年来，男性权威在社会中通过规训手段将女性改造得驯服而有用，以至于有的女性自动放弃了对自己身体和思想的自主控制权，让自己成为一个服务他人的存在。

女性想要摆脱这些"依附男人""以父权话语体系为纲"的规训，产生独立自主的思维，似乎总显得要难一些，面临的挑战和障碍也要大一些。

就拿我自己为例。

以前，我听到别人评价我"从你的文风来看，真不像是女人写的，这点很难得"，我会有些窃喜。忽有一日，我觉得对方这种评判标准是有问题的。"不像女人写的"就"很难得"？什么意思？"像女人写的"就低人一等？

究其原因，是因为我们这个社会已经习惯由男性作家占据写作领域的话语权，大多数人都习惯了他们主导的话语体系并因此衍生出一系列评判标准。比如，像男性一样写，才是合格的、出色的；倘若你用纯女性的视角去写，那就是"女里女气"的、没有格局的。

问题在于，女性看待和解释世界的方式，可以跟男性不一样；我们写作的文风也可以自成一格，跟他们完全不同，不必非要模仿他们的写作手法、遵循他们制定的写作规则和写作视角。

我们这个社会的女性，真的是需要自我革命，破除根深蒂固的传统观念对我们的影响和"毒害"，才能活出自我和精彩。

（三）

女性在我们这个社会生存、生活、发展，总会更加"不容易"一些。

我们想要活出自我，需要比男性付出更多的努力、遭受更多的非议和质疑。

游戏规则就像是摆在山顶的雪球，一旦它被推动，就会从山顶滚下来，并形成巨大的惯性，越滚越大，越滚越快。

这种惯性，就是"赢家通吃"效应，在任何一个领域都可能存在。

比如，父权社会形成的游戏规则，使得女性在历史上长期只能被圈养在家里。经过长期的锻炼和驯化，女性的家务、育儿能力越来越强。

慢慢地，社会就形成了这样一种观念或是偏见：女性更适合做家务、育儿。就这样，她们得不到更好的教育，更不能像男性一样有机会学习更多的社会生存技能，她们被鼓励"可以通过嫁人生子改变命运"，她们被鼓励回归家庭。即使她们参与社会劳动，在很长一段时间里也很难改变人们的这种偏见。

久而久之，女性在职场中很难挣到高工资。就拿现在来说，哪个行业、工种若是收入比较低，那么，女性的占比一定很高；哪个行业的收入比较高，女性的占比就会比较低。

女性收入普遍比男性低，因此，当她们成为某人的妻子、母亲之后，若是家庭需要牺牲一个人的事业，被牺牲的往往是女性。没办法，谁让她们在家庭中的收入低的一方呢？从家庭角度来说，牺牲妻子、成全丈夫，也是家庭利益最大化的选择。

就这样，一个新的恶性循环便形成了。

强者更强，更有话语权，更有选择权。弱者更弱，更得柔顺听话，更要仰人鼻息。

造成这种现象的罪魁祸首，就是不公平的游戏规则。

想要反抗这种社会惯性，是非常难的。

想要让处于滚落惯性中的巨大雪球停下来，需要几十代人坚持不懈的努力。

如果把女性比喻成一朵朵雪花，很多人会选择吸附在雪球上一起往下滚落。短时间来看，他们会因此得利，因为雪球会带给她们安全感、会带给她们好处。

另一类女性则选择从雪球上主动剥落下来，通过削弱雪球质量的方式，减少它的惯性，让它越滚越慢，直至停下来。她们深谙那个大雪球对女性本身的戕害，此举不单是为自己，更是为了同性、为了她们的女儿们。

选择做哪一种女性，就看你的想法了。

对于女性而言，生活中发生的每一件事情都给了我们一个审视自己是不是够独立的机会。

如果你有慧根或者愿意去审视、去发现和反省父权社会的狭隘，进而懂得去尊重和爱护自己，懂得挖掘自己的潜能和能量，活出独立女性的力量，那么，你接下来走的路，或许会很艰难，但尽头必定铺满阳光。

我相信，每一个独立有主见、努力生活的女性，终将会得到命运的优待。如果暂时没有，可能你还没有坚持到最后。

不要轻易把梦想寄托在某个人身上，也不要太在乎身旁的言语，因为未来是你自己的，只有你自己才能给自己最大的安全感。

别忘了自己真正想走的路，不管前路有多难，有多远。

不必立马向他人证明什么，也不必迎合所谓主流的口味，时间终会证明一切。

你是谁，你这人怎样，你想过怎样的人生，只能你自己说了算。

不配得感，是幸福的绊脚石

（一）

一个刚大学毕业两三年的网友跟我讲了她自己的近况和纠结。

她和男友是大学同学，已经相知相处了多年，彼此知根知底，感情还算深厚。

她家的家庭条件不是很好，但男友还是愿意和她一起面对和承担孝顺她父母的责任。在处理她和准婆婆的关系上，男友也表现得很有担当和智慧。她的准公婆也很尊重儿子的选择，尊重准儿媳，在迎准儿媳进门的事情上给足了诚意。但是，她还是恐婚，很害怕结婚后自己会过得不幸福。

我跟她一路聊下来，发现根本原因在于她内心深处太缺乏安全感了，"不配得感"严重。

不是男友不够好，也不是男友的家庭不够好，而是她自己的原生家庭实在太像一个烂泥潭了。她看惯了各种婚姻不幸，所以，她自觉"不配得"。

因为太害怕失去，所以她选择了先拒绝。她甚至跟我说，如果一开始就没得到，那么，自己就不必接受将来可能会拥有、也可能会失去的后果了。

我一个当律师的女性朋友，面临的则是另外一种情况。

她平时挺雷厉风行的，但在丈夫跟她提出离婚之后，表现得却很黏黏糊糊。她丈夫出轨了单位的女同事，回来就跟她提出了离婚，可她不愿意离婚。她甚至想到丈夫供职的单位，让丈夫的领导给她丈夫和小三施压，让丈夫回归家庭。

我跟她聊了几回，发现她之所以一直没勇气斩断这段婚姻关系，很大程度上也是她对自己进行了这样的心理暗示：我离开他，就再也找不到比他更好的人了。我就只配和这样一个人生活在一起，我配不上更好的人、更好的生活。

（二）

我们这个社会的女性，尤其是原生家庭不大好的女性，似乎特别容易产生"不配得感"。

年轻的时候，我也是这样想的。出差时住个五星级酒店，我都会产生比较强烈的"不配得感"，甚至是罪恶感，接着就莫名其妙地情绪低落，去哪儿都放不开手脚，对一切享受充满抗拒。

那些出身比我好一点儿的同事就没有这样大的心理包袱。那时候，大家都是刚毕业的年轻人，都不是有钱天天住五星级酒店的人，可他们就会比较享受那段时光，该吃吃、该喝喝、该玩玩。

这种"不配得感"，在我爸妈身上表现得更加明显。

我给我爸妈买的好一点儿、价格高一点儿的衣服，他们说不好看，拿去压了箱底，然后他们去菜市场买了那种质地差、价格便宜的衣服，天天穿着出街。

大夏天的高温天气，我们家只有我在家的时候才会开中央空调，只要我出门，我爸妈必定马上关掉空调。说是怕冷，其实就是怕用电。电表、水表的转动，似乎总是能激发他们深藏在记忆深处的"贫穷焦虑"，而他们这种舍不得电费的行为，只能用三个字来解释：我不配。

为什么父母辈会对舒适一点儿的生活方式充满抵触呢？我感觉：一是因为他们有不配得感；二是吃苦令他们内心觉得自己道德高尚，让他们觉得眼前的这种生活方式更可控。

人在面对那些自己认为配不起的好东西时，第一反应是害怕，是想逃跑。

这种心理是很容易理解的。

越是你觉得好的东西，你越是自觉驾驭不了，越是不敢要。

不敢要，但又不好明说，你就会去找各种借口逼迫自己放弃。

只要你有自卑心，就很容易产生不配得感。

适度的不配得感，让我们有自知之明，逃掉那些充满诱惑的坑。

可过度的不配得感，会让你与命运给你的慷慨馈赠擦肩而过，最终你真的会成为一个"配不起好人好物好生活"的人。

（三）

"重男轻女"的社会大环境，导致一些男孩从小"过度自信、自大、自私"，认为全世界都得围着自己转。女孩呢？则普遍"不配得感"严重，把自己活成了别人的陪衬，甚至认为自己的人生应该围着别人转。

一个典型的例子，就是我舅舅和我小姨。

我舅舅就是在"极度重男轻女"的环境中成长起来的。小时候，他想要什么，我外公外婆拼了命也会给他。全家只有他能吃白米饭，别人都只能吃杂粮。成年以后的舅舅，果真极度自私，丝毫不考虑别人的感受，他坐牢，酗酒，赌博，打老婆，打父母，坑儿女。后来，他众叛亲离，沦为流浪汉，45岁暴尸街头。

我小姨呢，从小就比较懂事。舅舅入狱后，她担心父母在老家没人陪伴，就辍学回家当农民了。到了婚嫁年龄，她曾跟着我一个远房亲戚去昆明玩了一趟，被昆明一个小伙子看上了。

小姨有一副好嗓子，人也长得漂亮，做事又勤快。当时有很多小伙子追求她，但追得最诚恳的就是昆明这个小伙子。这个小伙子是独生子，父母都有稳定工作，他自己也在机关单位工作，用那个年代的话说就是"吃上了公粮"。对农村人而言，这已经是很好的出身。

我小时候跟那位叔叔接触过，感觉他很儒雅，很温和。连我这样的小屁孩的需求，他都能细心关照到。他爱看书，也爱摄影，无不良嗜好，做事也比较踏实，跟一众农村小伙子一比，简直就是"鹤立鸡群"。

小伙子追求我小姨，但我小姨就觉得，自己一个农村姑娘，何德何能可以配得上人家省里来的小伙子呢？她觉得去省城生活，对她而言挑战太大了。她在那里只认识舅爷，若是被婆家欺负了，可没人撑腰。

就这样，她以孝顺父母为由，拒绝了小伙子的追求，选择留在了农村。后来，她就嫁给了隔壁村的小姨父。对她而言，留在农村、嫁给小姨父的生活是可控的。

小姨父是个赌徒，嘴甜心狠。小姨结婚三年后，因家暴而死。小姨父一家说她是自杀，并火速将她的尸体火化了，都没给前来调查的警方留证。这成为我一生中的"痛"，也是我在掌握了一定话语权后拼命呼吁"反家暴"的由头。

小姨想要过上相对富足和幸福的生活，这根本没错。可是，当获得富足和幸福的机会摆在她面前时，她又不敢伸手去拿。最终，她还是选择了退缩，回到她自己熟悉的、认为可控的旧有生活环境中去。

我小姨已经去世多年，但像她一样抱着"不配得感"生活的女性还有很多。面对一个好男人，不敢要；面对一个好岗位，不敢去争取。面对好事、好机会时，常常会胆怯、会害怕，没法生出"我配得起"的自信。

当那些好人、好事、好生活落到别人手里时，她们还自我安慰说："你看吧，我就说这种好机会轮不到我吧。"

她们甚至会这么想：那些好人、好事，怎么不留在原地等自己呢，说明这些根本就不适合我。

可她们不知道的是，成功和幸福曾经来敲过门，她们却因为自己的怯懦与之擦肩而过。

我真的很想告诉这些姑娘们：不管受了多少苦或者内心多么缺爱缺"懂得"，都要撑住，然后慢慢修补自己，绝对不能变成"就我倒霉""就我不配"体质的人。

因为一旦这种体质养成，你就再没有往上飞升的可能了。

　　人活着，"战胜自己"这一仗最难打。你要学会远离那些消耗你的人，并将那些消耗你的负能量掐死在每一个黑夜里。

　　要相信自己配得起更好的一切，时不时要对着那个对你不怀好意的世界大喊："我配得起我想要的一切！"

要培养自己的"幸福力"

（一）

收到"羊姐，人要怎样才能活得不无聊，才能获得幸福呢"这个问题时，我愣了半响。

这是一个多么庞大而难解的人生命题啊！

而且，这个问题的答案，只能自己去寻找。

想想也是，人类最难解决的不是生存问题，而是无聊问题、幸福问题。

比如，疫情期间，我们伺候小孩的吃喝拉撒睡倒还好，但是，你很难解决他们的无聊问题。孩子们一感到无聊，就折腾得你什么也干不了。

包括"给父母养老"这事，也不仅仅是让他们"有钱花"就可以的，还得让他们"有事做"。

人的衣食住行需求是很容易被满足的，人类一大部分痛苦都源自无聊问题很难解决。

叔本华早就揭示了这一真谛："人生是痛苦与无聊之间的钟摆，得不到是痛苦，得到了是无聊。"也就是说，你只有走在"痛苦"和"无聊"的路上，只有处于"得不到"和"得到了"这个区间，才会感受到短暂的幸福。

很少有人能打破"无聊"和"痛苦"这个循环，大家只不过是程度有别而已：有的人的钟摆大，有的人的钟摆小。钟摆越大，快乐越持久。

小孩自控能力差，他们的快乐钟摆比较小；像我父母那样的老年人，因为心理有轻微的问题，他们的快乐钟摆也比较小。

如何让钟摆尽可能变大一些？这考验的是"人和自我相处的能力"。

可是，我们从小会学习各种文化知识、专业技能，却没有人教我们"该如何和自己相处，找到内心的平衡感"。明明这一课也很重要的。

人之所以感到痛苦，大抵都是因为内心感到不平衡，"痛苦"和"无聊"之间的钟摆太小。

是啊，一旦内心失衡了，人就陷入痛苦。

物质满足不了你的需求，你痛苦；金钱满足不了你的欲望，你痛苦；失恋了或者两个人的平衡关系被打破，你痛苦；工作无法让你觉得有成就感，你痛苦；达不到你想要的成功，你痛苦；身体健康跟不上你行进的脚步，你痛苦……

慢慢地，你会发现，能在这样的关系之中找到平衡点，那就是幸福。

人的成长，就是一个不断寻找平衡点的过程。

生活中的点点滴滴，犹如一个天平上的砝码与物品：有时砝码重于物品，需要游码来调节；有时物品重于砝码，也需要用游码来调节。

所谓游码，其实就意味着妥协、放弃和牺牲。

人生是个动态的平衡过程，都是在不断地寻找这个平衡点。

这就不难理解为什么在别人眼里幸福的人，也是有烦恼和不快乐的，因为他们可能缺少了游码而导致不平衡。

这个不平衡点只有当事人内心最清楚，外人是很难了解的。

如果有不平衡的感觉，是不会达到完整的幸福状态的。

（二）

获得平衡感、幸福感的要诀，就是"减少痛苦"和"安放无聊"。

我们先来讲讲"减少痛苦"的秘诀。

三十岁以后，我发现：接纳现实，不做多余的幻想，是减少痛苦的秘诀之一。但我发现很多人做不到，我自己有时候也做不到。

我们总是会幻想一种完美的、理想的境况出来，接着拿这种头脑中的幻象来折磨自己。

比如，父母对我们实施语言暴力，我们就在脑袋中幻想一个完美父母出来，再拿幻想出来的完美父母对比现实中的父母，接着很容易觉得自己凄凄惨惨戚戚，是全天下最悲惨的孩子。

比如，工作中犯了错误，被老板批评了，我们就在头脑中幻想一个理想型老板出来，你认为老板应该要这样批评你、不该那样批评，接下来，陷入不忿情绪中，久久无法自拔。

比如，伴侣待自己不好，我们就幻想出一个称职的伴侣出来，如果眼前的伴侣与幻想中的那个相差太大，就牢骚满腹。

被父母实施语言暴力、被老板羞辱、伴侣待自己不好，我们的痛苦值可能只有 30，但经过一番幻想之后，这种痛苦就被放大，达到了 100。

痛苦是无法避免的，但可以减少。只接受 30 分的痛苦，不接受多余的 70 分的痛苦，就是减少痛苦的方式之一。

接纳父母对你实施了语言暴力这一个事实，接纳自己做错了工作并被老板批评了这一现实，接纳伴侣待自己不好这一事实，然后，在力所能及的范围内去做改变，才是找回快乐的正确方式。

接纳父母、老板、伴侣，现实就是这个鬼样子，接着想办法去改变或解决这个鬼样子。觉得自己还能忍，那就再忍耐一下；觉得自己忍不了了，那就自觉滚开；觉得事情没有严重到跟人家割裂，但又觉得心情很憋屈，那就反击回去。

不要把时间、精力放在纠结"别人怎么可以是那样子"或者"事情怎么可以是这样子"上，而要把重心放在"既然事情已经这样了，那我可以怎么做"上。

前者只会让你更加意难平，是在伤口上撒盐；后者则是让你学会给自己减负，是给伤口贴个创可贴。

（三）

"安放无聊"的要诀，则在于重新认识"人生的意义"。

曾经，有个找我做咨询的朋友问我："我每天觉得很无聊，觉得活着没意思，找不到人生的意义在哪里。"

我回答她："人生的意义，不是在于赚多少钱，追求多少成功，因为这些都是无止境的。"

人生的幸福来自哪里？来自解决掉问题，而不是让问题解决掉你。

你解决了问题，驯服了别人，这个过程更能带给你幸福感，甚至比赚到多少钱、获得多少成功更幸福。

人生的意义不在于遇不到麻烦，而在于解决掉麻烦。

有些麻烦，你解决起来太麻烦，投入产出比太低，那就避开。

有些麻烦，则是打地鼠游戏，解决它的过程本身就能给你带来收益。

我从来不认为，幸福就是享福。

幸福的真谛，对每个人都不一样。对我而言，幸福的真谛就是，不停解决生活中出现的问题，然后在解决的问题中获得成就感和幸福感。

人活这一辈子，福是很少的，苦才是常态。

幸福就是海面上的浪花，是平地而起的高峰，是夜空中绽放的烟花，它们都不是常见的。浩瀚的海洋、宽广的平地、漆黑的长夜才是人生的常态。

人生苦短，众生皆苦。苦，才是正常的。它存在的意义，是为了帮助你确认：什么才是甜，什么才是幸福的感觉。就像黑是为了衬托白，坏是好的参照物。

人是一种活在别处的动物，任何一种日子过久了，人都会厌倦。因为人所追求的，都是自己不常有的。人活一辈子，为的不是一直站在浪尖上，一直站在高峰顶，一直看着烟花开，而是站过浪尖、攀过峰顶、看过烟花开的经历。

如果你爬过山，也会对此有深刻感受：攀登到顶那一刻，你是最幸福的。在峰顶待久了，你只会觉得无聊。攀登带给你的幸福，更多的是在路上。

换而言之，人活的，只是一场"经过"，而不是"抵达"。

就像是玩打地鼠游戏一样，让你感受到乐趣的，不是机器坏了，地鼠不再冒出头来，而是你看到一个地鼠，就打掉一个。

想通了这一点之后，我觉得所谓幸福的真谛，根本不是坐在功劳簿上享福，而是在遇到难题、困境和挫折之后，努力解决它。

你可以把目标、困难都当成是一座又一座的山峰。某个山峰，你爬上去了，再下来。见到另一个，你再爬上去，再下来。能让你感到有幸福感的，正是你曾经攀爬过它，而不是永久待在某个峰顶。

你也可以把上天当成是一个老师，他每天的任务就是给你发一张又一张的考卷，一日不肯缺席。事实上，我们在生活中，也不难发现这一点：这世界上根本没有一劳永逸的事情，问题和困难永远存在，只是换了不同的方式。旧的刚去了，新的又来，它们总是一个又一个地冒出来，像是考验，也像是礼物。

能想通这一点的，最后会成为学霸。

想不通的，就会抗拒这些考卷，终日牢骚满腹，最后变成学渣。

想要过得幸福，你必须要积极参与这场游戏，并在解题过程中获得成就感。

永远不要觉得自己达成什么样的愿望，你就幸福了。不是的，幸福不在远方，就在脚下。

不管身处怎样的境遇，活在当下、善待当下的自己、保持向上攀登的姿态，就是幸福。

这就是我认为的，幸福的真谛。

自信的女人，离幸福更近

（一）

一个比我小三岁的闺蜜，曾是我朋友圈里出了名的"黄金剩女"。她人长得不错，脑瓜子也不笨，也谈过几段恋爱，但最终都无疾而终。到了三十岁，家里人开始催婚，而她根本不恨嫁，反而"冒父母之大不韪"把国企的工作给辞了，自个儿开了个餐馆。

家里人不停地给她介绍对象，她偶尔心血来潮也去相相亲。

2018 年 8 月中旬，她去港澳考察当地的茶餐厅，经过广州时跟我见了一面。

我问她："你真还没有男朋友吗？"

她说："影儿都没有，也没空谈。"

到了 2018 年底，她突然给我发了一份请柬，说要结婚了。

我一阵诧异："8 月份你不还没有男朋友吗？"

她回答："9 月份相了个亲，相处到现在，我觉得就是他了。"

2019 年初，我带着女儿去了她的城市参加了她的婚礼。

新郎长得高大帅气，人很有涵养，工作稳定、收入高，当然，家世也还不错，对她更是没得说。

我悄悄地跟她说："唉，你老公不错，比你谈过的每一任都好。"

她回答："我也很不错的，好不好？"

我笑："那是。有空给我讲讲你们的故事啊，我最喜欢听有缘人初见的故事了。"

闺蜜和她丈夫相识于她最繁忙的时候。那阵子，她的茶餐厅刚开起来没多久，她忙得不可开交，根本没心思谈恋爱。

之前，她也相亲过好多次，每次都是失望而归，她确实没什么意愿要找男朋友。但是，那次相亲，她实在架不住中间人的热情，只好去了。

去了以后，见到现在的老公，她应付式地跟他聊了聊，然后匆匆道别。她说自己当时对他完全"没感觉"，加之餐厅有很多事等着她去处理，所以她全程表现得特别敷衍和冷淡。

第二次，男方来了她的餐厅，点了几个菜，以"老朋友"的方式要她作陪，两人开始聊得比较投缘。再之后，两人就顺理成章地在一起了。

闺蜜问他："我看你，条件也不差，也是三十好几的人了，怎么也没个女朋友呢？"

男方回答："你不也这样吗？"

闺蜜和他交往后才知道，男方在他所供职的单位，简直就是"香饽饽"。每天都有无数人盯着他，希望能帮他结束单身。而之前和他相过亲，甚至主动追求他的女孩，一个赛一个地漂亮，闺蜜觉得她们每一个都比自己条件好太多。

闺蜜问他："那你干吗看上我啊？和你相亲的，还有主动追求你的那些女孩，哪个条件不比我好、不比我优秀啊？你看我，要学历没学历，要姿色也一般，我的家世、经济条件也不如她们，而且还没有固定工作。开个餐馆吧，到现在还是亏的，哈哈哈。"

她老公回答："和她们出去相亲，她们看我的眼神让我害怕。在她们面前，我觉得自己像是一块肥肉。只有你看我的眼神不是这样的。"

闺蜜说："合着是因为第一次见面我对你爱答不理，你才对我感兴趣的呀？"

她老公说："是你对我无所求的姿态，打动了我。你还记得吗？第一次见面我们吃完饭，我说要送你回去，你连看一眼我开的车的兴趣都没有，匆匆忙忙就走了。我觉得你是我相过亲的女孩中，最特别的一个。"

闺蜜跟我讲这个细节的时候，他们的孩子已经半岁了。我翻看她朋友圈，时不时还能看到她晒出来的她老公参与育儿的照片。

　　我在微信里问她："那些曾经追你老公的女孩，看他那么快跟你闪婚了，岂不是要气疯了？"

　　闺蜜说："有一个确实是这样。那个女孩追了他一年多，连他去国外出差，都追着去的那种，可他一直没搭理她。婚礼那天，那女孩也来了，我当时不知道她是谁，只以为是他的同事，还热情地给她派糖来的。后来我才知道，我们的婚礼根本就没请她，她是自己来的，据说只是为了看看我长什么样。在婚礼上见到我的样子、打听到我的消息后，她觉得我样样不如她，据说当天晚上回去以后，她就找朋友去酒吧买醉，喝酒喝到胃出血……"

　　我笑着说："你老公啊，也是个贱骨头，就喜欢带点儿挑战但挑战又不那么大的事情。看来，女孩子择偶呀，都不该太把别人当回事，也不要太不把别人当回事。"

　　"我们也不要太把自己当回事，但也别太不把自己当回事。"闺蜜说。

　　我和闺蜜几乎同时在微信对话框里打出这样一句话："做女人哪，自信最重要！"

（二）

　　我还挺佩服闺蜜这类女性的。

　　她们很自信，不管面对的是多优秀、多强势的人，永远是不卑不亢的样子。让她们在男人面前卑躬屈膝，绝无可能。

　　这是发自心底的自我肯定、自我笃信——这就是"自信"。

　　我一个高中同学，从小家境不大好，但她学习比较好，一路从农村突围到了城市。大学阶段，她谈过一个男朋友，两人情投意合，毕业后因去向不同，自然而然便分手了。

　　单身几年，她认识了现在的老公。

她和老公是在相亲会上认识的。正如你所知，在一线城市的这种相亲会上，向来是女多男少，而且女的综合条件和素质普遍比男的高，但是，她老公还是一眼就从众多美女中看到了她。

据她老公说，当时他之所以觉得她与众不同，正是因为她脸上散发着的那种"老娘谁都不讨好"的气质。

两人相处几个月后，便进入了谈婚论嫁的阶段。她工资不高，家庭负担也不轻，工作几年也没攒下什么钱，自然没房没车。两人结婚后，她提了一个行李箱，就住进了老公家里。

她老公的房子、车子，都是公婆出钱买的。换我处于她的处境，住在这样的房子里，我可能会有一种"心虚感"。毕竟，这些东西横竖不是自己挣来的，甚至都不是自己老公挣来的。但是，她不，她处之泰然。她就是觉得，既然自己和老公已经结婚了，那他的就是自己的。

在经济条件远高于自己的婆家人面前，她没有丝毫的自卑感。每次我去找她玩儿，她就是一副"这个家的女主人就是我"的范儿。

刚开始，因为她经济条件与她老公差距比较大，她婆婆不怎么喜欢她，但几个回合交锋下来，她婆婆主动退居二线。孩子生下来后，吃什么奶粉、用什么牌子的尿布，她婆婆都会征询她的意见。

二胎生下来之后，她和老公卖了那套婚前的房子，买了一套更大的房子。而之前那套房子卖给谁、多少价格卖，全是她说了算。从这个角度来说，她在家里的地位确实不低了。

很多年前，有一部热播剧《回家的诱惑》，讲述了这样一个故事：女主角林品如与富家公子洪世贤的家境悬殊，嫁进洪家后，她的存在感很弱，被婆婆当成保姆使，也不得丈夫宠爱。后来，她差点儿被丈夫和小三联手害死。死过一次的林品如开始进行报复计划，通过全方位的大变身和逆袭，她成为职场精英，以"高珊珊"的身份轻而易举地破坏了前夫和小三的感情。

在这个电视剧里，洪世贤和小三自然是"男渣女贱"，但林品如起初在家里的那种低姿态，也是造成她悲剧的原因之一。

你气场弱，自然就有人想踩低你。

《情深深雨蒙蒙》里的依萍和如萍，一个气场强、不好惹，一个气场弱、有圣母心。从门当户对的角度来说，如萍和何书桓才是天造地设的一对，但为何何书桓会被依萍撬走，究其原因，还是因为如萍虽然为人温顺，但有强烈的不配得感，愿意做别人"退而求其次"的选择。

而依萍呢？即使面对的是她爹黑豹子这样强势的人物，她依然敢正面刚。谈一场恋爱，我要么做你心里的NO.1，要么你就给我滚蛋。

人际关系的一个法则是：你看轻自己，别人就会看轻你；你看重自己，别人也会礼待你。

别人对你稍微好点儿，你就坐立不安，诚惶诚恐地想要报答，那你大概永远也不会形成"我让你对我好，是给你面子"的傲娇气质了。你的自卑，很容易吸引渣男，很容易被他们欺负。

自卑的人，总是更容易内疚、心虚；自信的人，则常常活得理直气壮。往往是后者，离幸福会更近一些。

生活中，往往是傲娇一点儿的女性过得更好，因为她们够自信，她们觉得自己配得起一切好的，于是，命运真的会给她们更好的。

大家可以看看每年春天都盛开的木棉花。满树的红花，无一片绿叶衬托，谢了的木棉花一朵朵扑在地上，干脆得很。很多时候，我觉得这种花儿可真傲娇，除非它自己愿意凋谢，否则常人还真难采到。像某一类女人，她们的心，像会开花的树，既有树的坚强刚烈，又有花的妩媚温柔。

女人如花，当花长成了树，可真的是威风凛凛。她们不是普通的花，她们之所以可以高姿态，是因为她们长在树上，树就是她们的内核。

这种内核的名字就叫"自我笃信"。

有了这种精神内核，幸福是不会离你太远的。

不如先改变命运，再去赢得爱情

（一）

二十几岁的时候，我失恋。

失恋后，我有过一段比较短暂的相亲经历。

和我一起奔赴在相亲路上的，是小迪。

小迪经常挂在嘴边的一句话是："女人有两次投胎的机会，第一次是出生，第二次是嫁人。出身我们选择不了，但通过嫁人，女人还是可以改变命运的。"

她见我每次听她说这话都不附和，便问我："难道你不是这么认为的吗？"

我说："我觉得通过婚嫁，或许可以提高一个人的生活质量，因为结婚就像是两个人合伙开一家公司，互惠互助、联手创业，找对人了，你的创业成本降低、风险也变小了。但是，要靠婚嫁改变阶层甚至命运，是很难很难很难的。"

我不是那会儿才产生这种意识的，而是从很小的时候，我就知道：灰姑娘嫁给白马王子的故事，向来是讲出来安慰人的。不排除真有这样极幸运的人存在，但那不是大概率。现实生活中，两个人实力悬殊，这种婚姻关系很有可能以悲剧告终。即使偶有特例，经济实力较弱的那一方，可能也会有不能与外人道的苦楚与辛酸。

小迪不信邪，她认为自己一定能找到那个改变她命运的男人。

在开始相亲之前，小迪曾经有过一段被老外始乱终弃的经历。她之前在一家外语培训机构做行政工作，后来在那里认识了一个外教，一个美国人，比她大将近二十岁。

小迪跟那个"论年纪足以当她爸爸"的老外同居以后，就辞了职，在家里安心做他的厨娘。老外供她吃穿住行，时不时送她点儿鲜花，再值钱的礼物就没有了，但她还是觉得很满足，觉得自己找了个老外做男朋友，在外人面前很有面子。

把老外带回老家见了父母亲戚后，小迪以为老外会跟她结婚，就隔三岔五地问他什么时候能带自己去美国见他的父母，什么时候会跟她结婚。老外被问烦了，直接玩消失，一声招呼不打就辞职了，也不回租来的房子里住了。

小迪哭了一个多月，发誓要把老外给找出来，但她找了三个多月都没找到，后来实在交不起房租了，才被房东赶了出来。

好在，跟老外相处将近一年的时间，她的英语也说得比较溜了，所以很快就找到了一份做外贸的工作。

小迪再次听到老外的消息，是在他又结交了新女友之后。那时她才知道，原来自己不过就是老外想尝的一道"鲜味"而已，他根本没想过要和任何一个中国女孩结婚。

我问过她："你喜欢老外什么呢？"

小迪回答："爱干净。"

我再问："就没有别的了吗？"

小迪眼神闪躲，回复了我一句："我相信，女孩子通过嫁人是可以改变命运的。如果能去美国生活，肯定比在国内待着要好啊。"

经历过那段感情后的小迪，对前一段感情唯一的反省便是：以后不要找老外。

相亲时，小迪的择偶标准是：男方学历必须在本科以上，必须在广州市区有三居室、有二十万以上的代步车，年收入必须四十万以上。虽然那会儿的她，除了年轻什么也没有。

说实话，小迪的择偶要求并不是很高，但问题是，拥有这样条件的男人往往看不上她。她屡战屡败，屡败屡战。

三四年的时间里，她几乎把所有的闲暇时光都花在了相亲上。

我去考驾照，屡次考不过，被教练骂哭，她问我："你受那种罪干吗？以后让男人给你开车就行了啊。"

我读研究生，有时会抱怨上课地点太远，她跟我说："你这是花钱买罪受。你现在不赶紧相亲找男人，以后更嫁不出去了。"

几年过去，小迪还是没有找到合适的对象，后来草草嫁给了她的高中同学。她的丈夫条件很普通，她像是觉得自己嫁亏了似的，对老公颐指气使。再后来，我听说她那个"老实人老公"竟然也出轨了。

（二）

我另外一个朋友小令，和小迪走的是完全不同的路。

二十四五岁的年纪，我、小令，还有另外一个朋友组建了一个小 QQ 群，群名就叫"昆仑三剩"。没过多久，另一个朋友"脱了单"，群名"昆仑三剩"就变成了"三姐两剩"。

每逢一个人在群里嘟囔"哎呀，我没男朋友，要嫁不出去了"，就一定会有另外一个人把《国际歌》的链接发群里。

有时候，我们还会往群里发两句改过的歌词："从来就没有什么救世主，也不靠神仙皇帝，要创造女人的幸福，全靠我们自己。"

小令之前有过一个初恋男友，她曾为了那个男生放弃了在省城工作的大好机会，回到老家小县城里工作了一两年的时间。岂料，那份感情并未修成正果，因为男友瞒着她爱上了别人。

那时，她并不知道男友为何突然对她很冷淡，就跑去男友的公司一探究竟，结果她还没到他公司呢，远远地就看到男友把大衣脱下来裹住一个身材娇小的女孩子并把她拥入怀中。

小令没敢再上前，只是回到家里哭了个天昏地暗，次日就跟公司递交了辞职信，回到省城重新找工作。

当时，她多多少少为自己感到有点儿惋惜。陪初恋男友打江山时，她跟着吃了许多苦，后来初恋男友兜里有点儿钱了，胜利果实却被别人摘取了。

小令失恋那年已经二十五岁了，她身边的朋友除了我之外，几乎都已经结婚生子。她家里人也催婚催得很紧，她的母亲得了乳腺癌之后就催得更加厉害了。

小令是个大孝女，但她没有急于找男友。当时的她几乎把所有心思都花在了工作和学习上，说是要向前男友示威：你现在比我有钱，但将来我会比你更有钱。

那几年，小令铆着劲儿努力工作，努力赚钱。奋斗几年下来，她已成为公司的业务骨干，薪酬一路水涨船高，后来又被吸收为公司股东。她在省城买了房子，她妈妈治疗癌症的钱也几乎都是她出的。

小令和我聊起逝去的那段感情时，说过这样一句话："我觉得女人还是得先提升自己。你自己的层次高了，遇到层次低的人的概率就会变小。如果你让我现在再遇到那谁，我可能当真看不上了。"

我后来又见过小令的初恋男友一回。他已经结了婚，长出了小肚子，有点儿秃头，穿衣打扮有点儿显土，早已不是当年玉树临风的模样。从外在形象和条件来看，他的确是配不上小令的。

小令是在三十二岁以后才开始谈恋爱的，现男友的"段位"比前男友高了好几个层次。我不知道她和他最终会有怎样的结局，但小令早已不是当年那个小令了。她更懂得经营感情，也有了"输得起"的底气。

前段时间我和小令一起吃饭，看着早已蜕变为职场达人、都市丽人的她，我不由得感慨："当年为了追求爱情而放弃了改变命运的机会……可是，到后来才发现，我们只有先改变了命运，才有可能赢得爱情，才有可能在爱情中占据主动权，才有权利去挑选别人而不是被挑选。"

观察娱乐圈，我们似乎也很容易发现这样的定律：一些想傍大款、想靠婚姻改变命运的女艺人，还没有在演艺圈站稳脚跟就迫不及待想把自己的命运嫁接到另外一个男人身上，结果很快就"泯然众人"了。一旦她们出现婚变，想要再回到娱乐圈发展，就没那么容易了。相反，当年一门心思想着"靠自己"的女艺人，找到了比较靠谱的伴侣，普遍比那些践行"靠婚嫁来改变命运"的女艺人要过得好……这也算是享受到了"延迟满足"的益处了吧。

爱情的发生充满随机性，它不一定会在我们准备好了之后才来。有人可能为了拼事业，而错过了生命中最不可错过的人，固然不可取。但是，我想强调的一点是：只有当我们自己的层级提升了，圈子扩大了，素养提高了，我们遇到高素质伴侣的可能性才会高一些。

靠婚嫁改变命运的想法，你可以有，但最好不要让它成为你唯一的信仰。你只有先改变了自己的命运，才有可能赢得更高级的爱情。

那些和伴侣一起从"小草根"奋斗成"大咖"的人，人家也没有把改变自己命运的希望寄托在伴侣身上。"一起"这两个字里，也浸透了人家无数的汗水和努力。

或许，女性朋友们也得时时刻刻拿我们改编的《国际歌》来提醒自己：

> 从来就没有什么救世主
> 也不靠神仙皇帝
> 要创造女人的幸福
> 全靠我们自己
> ……

婚恋中的女人，
最忌有"托付终身的心态"

（一）

电影《无问西东》里，有一对相处得特别糟糕的夫妻：许伯常和刘淑芬。

许伯常是一名语文老师，浓眉大眼，言行谦卑。他对外人非常友好，深受学生、邻居的爱戴。唯独对妻子刘淑芬，他冷若冰霜。

刘淑芬是工人，早些年和许伯常订有婚约。她供许伯常上大学。大学毕业后的许伯常，觉得两人差距越来越大，就提出来退婚，刘淑芬不干，提着刀子去许伯常单位闹，以死相逼，终于逼来了这场婚姻。

结婚后，两人过得并不幸福。许伯常对这场婚姻非常不满，只能用冷暴力的方式表达不满。两个人同住在一个屋檐下，但从来不睡一张床，许伯常甚至不用刘淑芬的水杯喝水、不用她用过的饭碗吃饭。

换成其他女人，日子过到这种份儿上，也就没必要凑合下去了，可刘淑芬不，她性子很轴，她觉得许伯常当初跟她说过要和她在一起一辈子，那就要兑现诺言，不能做一个失信、失德之人。

一个不愿意过这样的僵尸婚姻，一个却幻想把这场僵死的婚姻盘活。幻想的那个，对于无动于衷的那个，自然是爱恨交加。

许伯常的冷漠，对刘淑芬是一场凌迟，她一吃痛，就把所有痛苦都发泄到许伯常身上，不管当着多少人的面，她对他张嘴就骂抬手就打，许伯常大概也是麻木了，既不还嘴，也不还手。

许伯常的学生王敏佳看不惯师母刘淑芬的做法，模仿老师的笔迹给她写了一封信，还把信寄往她的单位。刘淑芬大怒，当她查出写信之人正是王敏佳时，就举报她勾引自己的老公。这对于被查出与领袖的合影是作假、被诬陷偷走医疗档案的王敏佳而言，无异于是雪上加霜。王敏佳被批斗，被群情激愤的群众殴打得毁容，差点儿死掉。

刘淑芬看到这一切，害怕了，良心苏醒了。她回到家里，看到依旧对自己很冷漠的丈夫，想起她跟丈夫曾经也美好过，绝望地跳了井。

电影里，刘淑芬对丈夫说："外人只看我怎么打你骂你，可他们怎么知道你是怎么打的我？"

许伯常问："胡说，我什么时候碰过你？"

"你不是用你的手打的我，是用你的态度。结婚这么多年，家里所有东西你都分得清清楚楚，你的是你的，我的是我的。你让我觉得我是世界上最糟糕的人。"

"那你还跟我过？"

刘淑芬号啕大哭："你说过要和我结婚，要和我过一辈子的。"

许伯常大声质问："人难道不能变吗？为什么其他的事情都可以变，而这件事就不能变？"

刘淑芬回答："不能。"

这一句"不能"，奠定了她的婚姻悲剧，也决定了她的人生悲剧。

（二）

你以为刘淑芬这样的人只活在大银幕上吗？不是的。

现实生活中，我见过太多的"刘淑芬"。

面对不再爱自己的男人，她们很容易说出这样的话：

"你说过要对我负责一辈子的。现在你居然出尔反尔，你就是个渣男。"

"我把终身托付给了你，可你居然这样对我。"

一直以来，我都不喜欢"托付终身"这个词。谁托付得了谁的终身呢？每个人都是对自己生命、生活的第一也是唯一的责任人。但是，这种托付心态在当代女性身上还是很常见的。

很多女孩一出生就被灌输"女人最大的幸福就是嫁给一个你爱的、爱你的男人""女人生命中最重要的事就是爱情和婚姻""干得好不如嫁得好""你迟早是要嫁人的""女人天生是拿来宠爱的""希望你能找到一个值得托付终身的男人"……

我们这一代甚至上几代女性，几乎都是在类似这样的思想熏陶中长大的。

很多女孩把婚姻看得太神圣、太重要，又把自己看得太过金贵，所以无法忍受自己在婚恋上的不顺或失败，拿毕生精力去追求一个不甚明确、不切实际甚至是不可理喻的目标，最后迷失自我，付出惨重代价

她们往往认死理，爱钻牛角尖，自我的价值感只建立在男人身上，对男人有一种病态的占有欲、掌控欲。她们无法承受自己的人生不按她们预想的方向走，一旦出现偏离，自我就先崩溃了，就要通过伤害别人、自残自虐的方式来宣泄自己的痛苦。她们内心严重缺乏安全感，永远只看得到自己的苦痛，永远想站在道德高地上指责别人的不是，却看不到他人的苦，甚至看不到有时候是自己亲手缔造了别人的苦。

很多女人，在结婚之初听到男人说"我会照顾你一辈子"，就把这话当成一辈子的令箭。男人跟她提离婚，她就觉得对方"起初爱，但后来不爱了"，是"始乱终弃"，是"不负责任"。

恕我直言，我觉得这种思维模式存在三种误区。

第一，这是典型的怨妇心态、弱者思维。

在这样的句式中，她把自己置于一个被照顾、被负责的角色。一旦男人对自己的爱消失，她就觉得自己被抛弃了。不甘心这种关系就这么断裂，就拿着男人一时兴起许下的所谓诺言，站在道德高地绑架他人一辈子。

可是，任何一个两两关系的建立，双方都有缔结关系或割裂关系的权

利，不存在谁辜负谁、抛弃谁。"起初爱，后来不爱了"跟"负责任"扯不上半毛钱的关系，因为我们只能对自己所爱之人、所爱之物负责。"不爱你了，依然要对你负责"，只会造就双方的悲剧，别人难受，你也痛苦。

第二，"起初爱，后来不爱了"这项自由权利，不是伤害你的，它同时也是保护你的。

人会变，情感会变，世界万物都在变化之中，你没法保证自己不变，也没法保证别人不变，如果当初那个对你温柔体贴的男人有一天变成了家暴狂，你也可以通过提离婚来保护自己，而不必履行"照顾对方一辈子的责任"，不必承担"不负责任"的指责。懂吗？

第三，一个真正能对自我、对他人、对婚姻负责的人，是一个对自己内心诚实的人，一个能承受我们与他人之间关系发生断裂的人。

真正的负责任，不是跟谁绑定在一起，就负责照顾谁一辈子，而是给自己和他人选择权，并能承担起自己的选择所产生的后果。

如果你是一个渣父母，你的孩子可能会放弃你；如果你成年后依然渣出天际，你的父母也可能会放弃你；如果你出卖朋友、坑蒙拐骗，你的朋友也会远离你；如果你是个渣员工，你的公司也会开除你。

每个人成年后，若要想得到别人的爱、让别人对你负责任，都是要靠自己赢来的。

（三）

我们这个社会的女性，所受到的爱情教育和熏陶一般都与"永远不变""从一而终"有关。

是"愿得一人心，白首不分离"。

是"死生契阔，与子成说；执子之手，与子偕老"。

是"山无棱，天地合，乃敢与君绝"。

是"君当作磐石，妾当作蒲苇；蒲苇韧如丝，磐石无转移"。

我们的古谚当中也有这样一句话："好女不嫁二夫，忠臣不事二主。"

纵然我们觉得天底下的好男人就像田里的韭菜割了一茬又长出一茬，觉得以他们的条件总能找到更好的，可他们就是愿意在那一棵歪脖树上吊死，就是甘愿为那棵歪脖树放弃掉整片森林。

　　或许也正是因为这样，我有点儿反感"从一而终"的情感教育。

　　提倡专一、提倡长情，本没什么错，怕只怕人们只认可"从一而终""一生一世一双人""执子之手，与子偕老"的感情观，跟一个人分手了就觉得天塌地陷了，就觉得自己"被用过了""不完整了""人生失败了""爱情理想崩塌了""自尊受到了严重挑战"……接着，就痛苦到活不下去了，部分人甚至会产生"消灭对方"或是跟对方"同归于尽"的想法。

　　这是何苦呢？本质上，这类人是因为害怕，因为内心深处极度缺乏安全感，无法忍受一个人独居或换个人磨合的生活，才要抓住那点儿熟悉感以及不够分量的安全感，告慰自己容易惶惑的心灵。

　　在遇到一个良人、面对一份感情时，"从一而终"是一份难能可贵的品质。有时，它是我们面对感情时，应该拥有的"匠心"。但是，它只能是一种自我要求，不可成为约束别人的道德工具。当你要求别人对你从一而终时，就相当于你把对这段感情的自主权让渡给了对方，将自己矮化为一个需要别人对你负责的人。

　　真心希望大家别一提爱啊情啊的，就把别人应当承担的责任、义务搬出来。咱们可不可以换一种思维？比如说把当伴侣、当父母、当孩子、当朋友当成一份工作？把所有两两关系当成是权利义务对等的合同？别人随时可以炒你鱿鱼，你也随时可以炒别人鱿鱼。当你把自己当成是对方一样平等的个体时，就不会再需要别人为你负责，也就不会再轻易拿"责任"去绑架别人了。

要爱情，但不要"爱情至上"

（一）

我们这一代女性的爱情观，是被一些言情小说和言情剧塑造起来的。我们或多或少都受过爱情偶像剧的影响，通过这样的影视剧来学习爱情、模仿爱情、练习爱情。

在这些言情小说或言情剧中，女主角可能出身寒微，但会遇到一个有钱、有颜、有才华、极有魅力的男主角，双方共同经历一些事情后，对彼此产生情愫，接着再遭遇一些考验，爱得难舍难分、死去活来。

这些故事往往表达了这样一个主题：爱情是无往而不胜、无坚不摧的，可以让你依赖，可以为你托底。"只要有了爱，一切困难都是能够战胜的，一切梦想都是可以实现的。"

有了爱，女主人公就是一朵娇艳的花儿，就是人生赢家；没了爱，女主人公就迅速枯萎、凋零，要死要活，甚至发疯、死去。男主角可以为了爱情不去工作、不去开疆拓土，甚至可以不顾家庭的责任、舆论的谴责，他们都愿意奋不顾身地为爱情而奋斗，甚至为了爱情去死。

在这类故事中，所谓爱情就是完全独占，占有对方的一切，从身体到灵魂，从财富到身份，从过去到将来。同时，这种爱情又意味着全面放弃，放弃自己的一切，包括自我。

男女主人公都陷入一种非常癫狂的状态：除了对方，我的世界里没有别的东西了。其他所有的一切，都是为了我们的爱情而存在。成全我们的，都是救世主；阻挡我们的，都是大坏人。

人们把这种现象，称为"玛丽苏"。玛丽苏，是"Mary Sue"的音译，指的是在文学作品中十分"完美"但现实中绝对不会存在的女性角色。她们自身携带"光环"，与作品中的各种男性角色全都纠缠不清。除了魅力无限、深情无限的男主角爱她，她身边可能还会出现"男友力"爆棚的千年大备胎男二号、男三号。为了赢得女主角的芳心，他们甘当绿叶很多年，甚至会很知趣地为女主角慷慨赴死，哪怕付出生命也要做个不碍女主角好事的人。

"爱情至上，其他都不叫事"，就是这类言情剧里传达的最核心的观点。

草莓小姐就曾经是言情小说、爱情剧的忠实拥趸者。从上初中开始，她就迷上了言情小说，迷上了看爱情剧，一看就一发不可收拾。

上初高中的时候，学校图书馆引进的言情小说并不多，她看得不过瘾，就上学校外面的书店借，几乎把父母给她的所有的零花钱都拿去租借了言情小说。

高中毕业后，她只考上了一所职校。职校毕业后，她到一家酒店做前台。在那里，她认识了一个酒店厨师。厨师比她大十几岁，离过婚，有一个儿子归他抚养。

厨师看到草莓小姐长得青春靓丽、性情贤惠乖巧，就死缠烂打地追求她。追求阶段，对她各种山盟海誓，各种百依百顺。

草莓小姐哪里经得住这样的撩拨，以为自己真的遇到了真命天子，很快跟厨师在一起了，连工作都不要了。

两个人的恋情，当然遭受到了草莓小姐父母的反对，他们觉得厨师穷、离过婚也就罢了，关键是太爱喝酒，经常动不动就把自己喝得酩酊大醉。他们担心女儿嫁给他以后会受苦，可草莓小姐不在乎这些。

那时候，厨师很宠她，就像是父亲宠溺女儿一样。父母不反对还好，一反对，草莓小姐就来劲了。她做了一个"勇敢"的决定：跟厨师私奔。

就这样，她收拾好细软，甚至都没跟父母打招呼就义无反顾地追求真爱去了。

结果可想而知！

很快，草莓小姐和厨师就出现了问题。

草莓小姐觉得自己是为了厨师而私奔的，希望厨师在异乡能加倍地对她好，可时日久了，厨师也没法待她如初，她就开始以"作天作地"的方式试图引起他的注意。

草莓小姐说她的每一次"作"，几乎都在模仿言情剧的情节。

大雨天跟厨师吵了架，她就跑去外面淋雨，厨师追了出来，她就"晕倒"在他怀里。

两个人感情好的时候，她割开自己的手指头，挤出血写血书，内容无非便是"一生一世，永不分离"之类的。

厨师曾一度跟她提过分手，听到"分手"二字时，她觉得自己的天都塌了，甚至为此割过手腕。当然，这种割腕自杀，更像是一场表演：看到厨师走进小区大门，准备要上楼了，她整理好妆容上床躺好，以她自己认为的最优雅、最凄美、最令人心痛的方式割开手腕……

她非常享受这种"当言情剧女主角"的感觉，连她自己都说那时候她就是一个妥妥的"戏精"。

厨师慢慢地不愿意再陪她演言情剧了，她的"一哭二闹三上吊"对他不再起效。到后来，不知道是生活压力大还是精神感到苦闷，厨师越来越爱喝酒，经常醉得不省人事，工作也丢了。

她真正悔悟，是在当了单亲妈妈以后。如今，她带着孩子黯然回到父母身边，每次想起当初私奔前跟父母说的那句"我死也要和他死在一起，你们休想让我们分开"，无限赧然。

不知道草莓小姐最终是如何顿悟，又是如何成长、成熟起来的，但我相信这样的女孩在我们这个社会一定为数不少。

对于她们而言，爱情就是天，就是一切，就是人生的全部。为了爱情，她们可以不要父母，不要工作，甚至不要生命。

当爱情消失以后、当被男人抛弃以后，她们顿时会觉得所有的一切都随着爱情消失了。亲情、金钱、时间、友情都变得没有任何意义了，甚至连生命都可有可无。

（二）

最近，一个失恋的朋友给我发了这么一通私信：这个月，我最深爱的人要跟别人结婚了。我每天都处于抑郁与崩溃边缘，精神也出了问题，工作也不知能否保住，每天活着就是一场梦魇。我真的不知道怎么活了，这样蚀骨的痛，活着还有什么意义？

我能理解失恋带给人的痛苦，因为我自己也经历过，但每次看到这类痛苦到怀疑"工作也不知能否保住""觉得活着没意义"的情况，也不免会想：到底是什么，让我们这个社会的女性一碰到爱情就将其置于至高无上的地位的呢？

可能有历史、文化、思想观念、性格的原因，但对言情剧的模仿，或许也"功不可没"。

我们在言情剧里学习爱情，认为爱情只应该有这样一种模式，而对生活的艰难、人性的多变、现实的复杂、生命和自由的珍贵却视而不见。

如果我们迷信这些，并且将其拿来指导生活，就很容易被带偏。

迷信言情剧给我们带来的最大负面影响，就是会理想化爱情和婚姻、对男性产生过高期待。

如果你完全按照偶像剧的标准来遴选男友，要求对方英俊、富有、多情、专一……那很有可能永远都找不到。找到了，因为伴侣做不到偶像剧男主角能做到的，就各种"作"。又或者，无限追求浪漫，忽略对现实的考量，容易进入"金玉其外，败絮其中"的渣男精心设计的爱情圈套，看上"中看不中用"的"绣花枕头"，受尽欺骗和伤害。

更有甚者，即使身陷一段不良的关系，也要自我麻痹、欺骗，将自己的没皮没脸没底线美化为"为爱痴狂"，相信自己坚持下去一定能得到一份感天动地的爱情，最终能"守得云开见月明"。

如果只从爱情小说和偶像剧里接受爱情教育，我们很有可能入了坑而不自知。

爱情小说和偶像剧看得人热血沸腾、热泪盈眶，却不会教你如何冷静理智地面对爱情，不会告诉你爱情不是人生的全部。

那只是造梦人用想象造就的一场供你意淫的梦，你不能把它当成真实的人生。那些写这些爱情故事的人赚了个盆满钵满，而他们是绝对不会模仿笔下的男女主人公去过自己的人生的。譬如某著名言情小说家，在该赚钱的时候毫不手软，在该跟丈夫和前妻生的孩子对决的时候也毫不含糊。她可不会把爱情、男人当成生命的全部。

当然了，如果你要迷信"爱情至上论"、模仿言情剧过你的爱情生活，其实也怪不得造梦人，人家只是想赚点儿钱，是你自己入戏太深而已。

今天我们的身边，有太多的女性太过于关注情感，把情感的事看得比天大。她们自己可能都没意识到，一直以来社会对她们的身份设定和熏陶教化可能都是错的。

很多女性被爱情偶像剧、公主梦以及"老公孩子热炕头"的自我期许包裹、封闭了起来，导致她们被割裂在真实世界之外，看不到世界的真相以及运行规律。不知道她们何时能意识到，感情在生活中其实并没有那么重要，女性也可以有征途，有星辰大海。

爱情只是人生中的一小部分，是有必要尝试和经历的东西，但它不该被"至上"，不该成为你的阳光、空气和水。你不是鱼儿，爱情也不是水，它只是一份餐后的甜点。有它，内心愉悦；无它，有点儿缺憾，但不至于为它要死要活。

情爱重要，但我们的生活中不应该只有情爱。是要把生命局促于小情小爱，还是要把自身的能量释放于大地长天、远山沧海，只是一种选择。

别困在自己编织的梦境里不愿意走出来了，让"爱情至上论"见鬼去吧。

毕竟，没有了爱情这朵浪花，我们还有如海洋般浩瀚的生活啊。

养宠式爱情，真的幸福吗

（一）

一个朋友给我讲了她表姨的故事。

这个故事中有最俗套的情节：夫妻俩结婚二十年后，男方有了外遇。表姨一度想离婚但不敢离，一方面是因为她是家庭主妇，没什么收入来源，一直靠表姨父养活；另一方面是她独立生活的能力实在太差。

表姨的生活能力差到正常人无法理解、难以置信的程度。她不敢一个人坐地铁，不知道怎么去银行办业务，甚至连智能手机都不大会用。也就是说，表姨缺乏基本的生活技能，完全是与社会脱节的。若是与表姨父分开，她到社会上，将寸步难行。

表姨从来没有工作过，从学校里毕业后就跟表姨父结婚了。她长得非常漂亮，很多人想娶她，最终是"愿意为她做牛做马"的表姨父抱得美人归。在家里，她属于那种"什么事情都不用管，也不用操心"的人。家里家外的大事、小事，表姨父都替她做好、安排好。

两人结婚后头几年，感情很好。表姨不需要做家务、不需要管孩子，每天吃完三顿饭就煲剧。结婚多年来，她的脚指甲都是表姨父帮着剪的，洗完头后的头发也都是表姨父帮着吹干的。旁人见了夫妻俩的互动，只觉得表姨父真是拿命对表姨好。

一时间，表姨成为人人艳羡的对象，甚至一度成为家族中的正面典型，大家都说：还是她懂得御夫术，把男人的时间用满了，男人就没时间和精力出轨了。

可现实就是这么喜欢打脸。

随着孩子上了大学，表姨父还是华丽地出轨了，和一个独居多年的离婚女性。那个女人与表姨截然不同，她生活能力很强，一个人把孩子拉扯大，干家务是一把能手。就连装修她自己的店铺，她都可以自己动手铺线。表姨父说，他这辈子伺候表姨伺候够了，也想过几天被别人伺候的日子。

表姨知道这个女人的存在后，第一反应是想上门闹，可在没人帮忙的情况下，她都找不着那个女人住在哪儿。

现在，表姨父大部分时间住在那个女人家里。家里没了顶梁柱，表姨的生活也坍塌了大半。五十几岁的她，从头学习生活技能。刚开始，她连"煮饭时到底先放米还是先放水"这样的问题都得打电话问别人。

一个女人在生活上被男人照顾得太好，是一件"看起来幸运但其实暗藏凶险"的事情。你生活能力差，到了关键时刻，很有可能会受制于人。

曾经，一个女网友放出这样的豪言壮语："我要是学会开车，以后这种事有可能就都是我的了，这真是太便宜我家那口子了，所以，我就不学开车，这样就一直有人给我开车。"

可是，在我看来，人（不分男女）还是要尽量多地掌握一些生活技能，这样，这些技能在关键时刻还能派上用场，你也不需要低声下气地去求助于别人。换而言之，你可以不做，但你必须要会。

所有的技能其实都是为自己学的，至于学会这项技能后的家庭劳务分配问题，那是另外一个问题了。"学会开车"和"以后家里都是我开车了"这是两件事情，二者之间并不存在直接的因果联系。

我身边真的有这样一个案例：一个姑娘一直不愿意学开车，生怕自己学会了就便宜了丈夫。有一天半夜，她父亲突发心肌梗死，急需送医，而她丈夫刚好出差了，不在家。家里的车就停在楼下，可她就是不会开。她找朋友求助、打急救电话，折腾了好一会儿才把父亲送去医院，也延误了黄金治疗时间。

我知道，很多女性很向往那种"老公什么都不让我干"的生活。对一些女人来讲，这意味着终极幸福：嫁了一个人，那个人搞定一切，自己只需要坐享其成。

这样的男人堪称是"完美老公"。他自己在狂风暴雨中拼搏打拼，给你感受到的永远是和风细雨。他像宠溺孩子一样宠溺你，从不舍得伤害你。他把你当宠物宠溺，把你宠成"什么也不会做的人"，却从不跟你分享自己遇到的困境、从不在你面前叫苦。

如果你有幸遇上这样一个男人，似乎是挺幸福的，但是，人会变，事会变，命运波诡云谲，这种幸福不一定能延续到你死亡，因为人生中总会出现各种意外。

伴侣可能会变心、会出事、会离开你，而我们，终将要学会一个人独自去面对这个世界。

（二）

娱乐圈里曾经有过这样一对"神仙夫妻"。两人结婚后，男人把女人当成女儿宠溺，什么事都不用她做，女人过的完全是"衣来伸手，饭来张口"的少奶奶生活。男人在外面做的事情，女人一概不用管，她甚至连自己家里有多少资产都说不清，她的银行账户也由家里的阿姨和司机保管，她连取款密码都不知道。旁人都觉得女人自从遇到男人之后，就从未真正进入过社会。

女人偶尔会抽两根烟。无论什么时候烟没了，哪怕天上下刀子，男人也一定会出门去买；吃饭的时候，他永远是吃女人剩下的，哪怕是两盒便当。

女人有过敏性鼻炎，离不开一种特定的鼻炎药。有一回两人去广州，夜里男人误以为女人忘记带药，不想吵醒她，自己悄悄打车绕了大半个广州城，没买着，便打电话让家里的司机到北京的家里拿药送到机场，拜托最早的航班上一位陌生的乘客带到广州。女人一觉醒来，药已在枕边，她哑然失笑：其实她包里就带着一瓶。

不论在什么场合，只要女人打电话来，男人一定会马上接。晚上若是有活动，男人通常都会带上女人一起参加。假如女人没去，男人一整晚都不尽兴，因为挂念女人一个人在家，必定会着急着往回赶。

那么多年下来，女人在男人的保护下过着安稳的生活，忘记了自我成长，都不知道要怎样去面对这个纷繁复杂的世界了。后来，男人因诈骗罪入狱，女人散尽家产替夫还债，后来又复出赚钱，多次坦言离了丈夫她没办法活下去。女人吃了很多苦，也忏悔自己的爱给了男人太大的压力："如果不是为了维护在我心里的完美形象，他就不会走上这条路。"

在这个真实故事中，我注意到一个细节：女人说两人相处二十三年来，男人只有两次不打招呼就"失踪"的行为，最近一次就是入狱。上一次是他胃病发作住院的时候，女人问遍了熟人，才知道男人住院了。为了不让女人担心，男人嘱咐身边所有人不要告诉她，自己一人扛着。

夫妻之间会以这种方式相处，多多少少会让我感到有点儿奇怪。所谓夫妻，不该是相互坦诚、互相扶持的吗？

在我看来，男人做的完全是一件自我感动的事。他沉浸在自己为爱人付出的伟大感、无私感、崇高感中，却完全忽视了对方是否真的需要。

也有可能，他追求的仅仅是个"宠妻狂魔""我搞得定一切"的人设，而不是幸福本身。他更爱的，还是自己，而不是妻子。

男人觉得自己无条件宠爱妻子，就是纯爷们儿、好丈夫；女人觉得自己找到这样一个"什么都不需要自己操心"的男人，就"有夫万事足"。男人在外头做生意多年，从不让女人知道他具体做了什么，遇到了什么困难。而女人也心安理得地享受着这种保护，直到东窗事发，才发现天塌了。

很多年前，女人出名时，她就对出名兴趣不大。有一天，她看到一本印着当红女星照片的过期杂志被扔在卫生间里的垃圾桶，她心里暗想："我才不要像这样抛头露面，最后被这么糟蹋呢！"

那时的她或许没想过：人，生来就是要被现实糟蹋的，而人生的意义正在于"要经得住糟蹋"；而爱情永远不是女人的全部，我们离了男人也不会活不下去。

比起现实生活中那些"老婆怀孕了，老公连帮老婆系下鞋带都不愿意"的坏婚姻，比起那些"我是家庭主妇，而老公出轨了"的烂婚姻，他们的婚姻算是好婚姻。这种好，只能体现在：他曾无限度地宠爱你，而你在他落难后不离不弃。但是，这种婚姻相比"夫妻共同成长、互相成就"的婚姻，却又是坏婚姻。

如果你问我，"把你宠得什么也不会"的爱情你想要吗？

我的答案是：不想要。

我总觉得，一个好的伴侣，要懂得尊重我，包括平等待我。我不希望被单方面保护，我更向往"一起面对，共同承担"。

被单方面保护，说明我在对方眼里是一个弱小的人，而不是一个跟他一样平等的人。他多多少少是有点儿小看我的，虽然这种"小看"的外面包裹了一层"爱的棉花糖"。

鼓励对方独立成长、和对方一起携手面对生活风浪的婚姻，相比把对方当宠物圈养起来的婚姻，显然抗风险能力更高。别说一方出了什么意外，另外一方能顶上；就算是双方最后闹翻，劳燕分飞了，其中一方也不会因为离开了另外一方而活不下去。

"养宠式爱情"，只是看起来迷人，真遇到风雨，往往不堪一击。

要我说，舒婷的那首《致橡树》里的爱情观，才是一种健康的爱情观。

"我必须是你近旁的一株木棉，作为树的形象和你站在一起……我们分担寒潮、风雷、霹雳；我们共享雾霭流岚、虹霓……仿佛永远分离，却又终身相依……"

那是一种独立平等、互相依存、理解对方的存在意义，又珍惜自身存在价值的爱情观。

虽说爱情没有标准答案，婚姻模式也千差万别，只要当事人自己认为是好的，那便是合适的，但我仍然觉得《致橡树》里的爱情观是最值得提倡的。

如果你是一棵木棉，那希望你找到的也是一棵橡树吧。

相爱时深情，不爱时请做个狠人

（一）

阿喵是我的一个朋友，她的本名不叫阿喵。

人们都说，真正的美人都长得像猫，而绝色美人长得像狐狸。阿喵离"绝色"差一点儿，但她人长得挺漂亮的。某些安静的时刻确实像一只美猫，我们就给她取了个绰号叫"阿喵"。

在二十几岁时，有好几年的时间，阿喵一直在跟一个男人纠缠。

那个男人跟她是青梅竹马，两人打小就认识，上初中就是学校里公认的一对。大学毕业后，阿喵来到男方所在的城市找工作，势要将这份爱情进行到底。

在我的朋友圈子里，像阿喵和她男友一样，能把一段恋爱谈十几年的，确实不多。我们也以为，不出所料的话，阿喵和男友将是"一生一世一双人"的爱情典范。

可是，两人参加工作两年后，感情还是出了问题。

也没有谁对谁错，就是两人开始频繁吵架，为的还是一些鸡毛蒜皮的事。

阿喵觉得，以前两人吵架，都是男人让着她，现在她也想男人让着她，想一直享受做公主的感觉。

男人则觉得，两个人都贫贱的那些年，自己已经让够她了。现在自己兜里有点儿小钱了，他想要一个"正常点儿"的、别老缠着他的女朋友。

以往的相处模式被打破，新的模式又没建立起来，两个人那段时间过得特别痛苦。

再后来，男人提出了分手，阿喵慌了神，努力去挽回。挽回的结果，便是两人之间的地位发生大逆转。

男人看阿喵害怕分手，就利用她这个弱点，开始巩固自己的主导地位。

阿喵一开始也愿意配合，但时间长了，开始心生委屈和怨念。她骨子里就是一个女王型的人，做不来"做小伏低"。

两个人又开始频繁吵架，吵到后来，都累了，彼此都同意分手。

但是，那么多年的感情，也不是想放就能放的。两个人都觉得自己应该跟对方分手，但是情感上却舍不得。

两个人名义上是分手了，但一个人找点儿借口跟对方联系，另一方就像哈巴狗一样飞快跑过来。在一起之后，两人又开始无休止的吵架，只能再次分开。

如此，反反复复了一两年，直到阿喵狠下心来切断这种暧昧关系，并火速跟另外一个男人闪婚，两人之间的感情才终于画上了一个句点。

男人见阿喵已嫁做人妇，也就不再来纠缠。只是，婚后的阿喵过得并不幸福，没过多久就离婚了，恢复了单身。

阿喵的整个青春，几乎都拿来跟那个男人纠缠了。很多年后，她想起那段经历，依然有点儿小后悔。她说，如果当初我能把这些时间、精力都放在事业上多好，那我现在应该已经变成一个小富婆了。

很多人不理解阿喵为何跟前男友分分合合那么多年，但我知道这种事情不可能"剃头挑子一头热"。男人嘴上说着要分手，但其实他也不愿意阿喵就那样彻底消失在他的生活中。

有的男人就是金庸笔下的张无忌。面对感情，他们摇摆不定、磨磨唧唧，不敢做出决定，所能生出的最大勇气不过就是"拖延战术"，拉着别人一起耗下去。谁先撑不住了，谁就先做出决定，然后他去承受这个决定的后果，事后还会生出一种欣慰感：你看，不是我要分手的。

（二）

琴姐的爱情故事，跟阿喵经历的有点儿类似，说起来也挺俗套的。

琴姐刚认识男人时，男人是公司副总，她是小职员。

琴姐长得端庄大方，性格又活泼开朗，工作能力尚可，男人为了追求她，甚至多次创造和她一起出差的机会。

相爱的时候，两人吟诗作对、琴棋书画，恩爱异常。

那时候，男方条件不错，高高在上，万女朝宗，他一低头，身边的女人们都会尖叫。琴姐和他琴瑟和鸣，羡煞旁人，她自己的虚荣心也得到了某种满足。男人备胎佳丽三千，而他只独爱她一个。

到了两人谈婚论嫁的阶段，这门婚姻遭到了男方家人的反对。准婆婆不喜欢琴姐，男人也为能跟琴姐在一起做出过很多努力。

他先是搬离父母的家，跟琴姐同居。接着，从父母创办的公司里离职，自立门户和琴姐一起创业。但是，因为诸多原因，这次轰轰烈烈的创业于一年后宣告失败。

男人备受打击，开始怀疑自己，连带着怀疑这份感情。

创业失败后，琴姐找了一份工作，开始频繁出差。某天她提前回来，却发现家里的床上有别的女人的长发。她有些狐疑，但没有当即发作，只是假装不知道。

某天，她看到男人拥着别的女人当街走过，这才发现男人劈腿了。琴姐去质问，男人道歉，两人又好了一段时间，可没过多久，男人故技重演，还是跟上次琴姐见过的那个女人藕断丝连。

琴姐这次忍不下去了，坚决分手。分手后，男人很快跟劈腿对象结了婚。琴姐这才知道，那个女人是个能给男人家的家族生意提供很多助力的富二代。

琴姐和这个男人在一起很多年，两人拥有诸多共同朋友，因此，哪怕琴姐换了号码，男人还是可以找到她。他持之以恒地找她，而她就像只嗅到肉骨头的狗，他一召唤就会出去和他见面。

那时，琴姐还没有完全放下他，而且跟他约会让她有种报复的快感。

　　两个人偷偷摸摸地在一起，总是无休止的缠绵，争吵，撕扯。男人在琴姐家留宿的时候，琴姐就安慰自己：幸好跟他结婚的不是我，否则在家独守空房的就是我了。

　　男人的妻子，每次看到丈夫跟琴姐联系，就会打电话来骂琴姐。琴姐不接电话，她就发短信过来辱骂。

　　琴姐也承认自己不够道德，但是，她那时的想法就是："到底谁才是第三者？那要看怎么说了。如果她家不是那么有钱，只怕她未必是我的对手。这个男人穷其一生，也不会再找到我这样棋逢对手的女人了，可以跟他琴棋书画，吟诗作对，天上人间。"

　　后来有一天，琴姐忽然觉得厌倦了这种生活。她开始想结婚，想用结婚这种形式让自己、让那个男人死心，并找到了愿意接受她一切的"接盘侠"。可是，临到结婚，她突然害怕了，取消了婚约。

　　男人依旧没有离婚，但他一直在试图联系琴姐。琴姐不搭理他，他就跑去琴姐以前经常上的论坛写故事、发帖子，希望琴姐能看到他的"表演"。

　　琴姐虽然很难过，但坚持拉黑电话、不回信息，后来索性连常去的论坛也不去了。她告诉自己，要坚持，坚持忘记。壮士断腕都很惨痛的，熬过去自己就是赢家。

　　就这样，琴姐在熬了无数个夜、醉了无数次酒后，最终过上了平静的生活。

　　她也有些后悔，后悔自己为什么要跟另外一个同样无辜的女人较劲，后悔自己一生中最美的青春时光就那样被消耗掉了。

　　琴姐没有再恋爱，单身至今。她说自己的激情已经消耗完了，她对情爱再无兴趣了。

　　她给我讲这个故事的时候，我劝慰她："哀莫大于心不死。我觉得能一招置女人于死地的男人，比慢慢凌迟女人的男人要善良得多。至少，他不会不断地给你希望又让你绝望，来来回回折腾得你死去活来，最后让你失去了爱别人的能力。"

"当然，女人遇上这种男人，其实也是有选择的。你随时可以撤退，但你没有。看来，每个渣男背后，都有一个贱女。"我后来又加了这么一句。

琴姐哈哈大笑，回复我："还真是。"

（三）

曾经，有一个网友问我："理智上应该分手，但情感上却舍不得，怎么办？"

很多感情走到最后，就是会"食之无味，弃之可惜"。凑合下去吧，心里觉得膈应。分了吧，又不甘心，不舍得。

理智上，你觉得自己离开对方才是正解；情感上，或因为惯性，或因为感情，或因为其他因素，又不舍得离开。怎么办？

我给的方案，有两个。

第一，如果你还年轻，还有足够多的试错成本，那么，在不伤害第三人的前提下，你可以"顺其自然"。

你们依然还在纠缠、分分合合，说明对彼此的感情未了，分手时机未到。除非你有"受虐情结"，那开水烫到你，你总会缩手的吧？你没缩手，只能说明那开水还不够烫。

那就使劲去"作"，使劲去折腾，使劲"破罐子破摔"，到了那个忍无可忍的临界点，你自然就会想放手。慢慢地，你也会觉得这种纠缠游戏既无趣又没意义，自然就会消停。

万物的来去，都有它的时间。

当然，"顺其自然"的前提，是你给自己设置一条"止损线"。若是超越了"止损线"你依然还在瞎折腾，就要警醒自己是不是陷入"习得性无助"和"斯德哥尔摩综合征"了。

第二，壮士扼腕，壁虎逃生。

所有的分离，几乎都会让我们感到疼痛。

被毒蛇咬了，你要不把手砍下来，蛇毒会蔓延全身，让你连小命都丢了。

壁虎被夹住了尾巴，如果不舍得把尾巴截断逃生，那它可能会被原地风干，变成壁虎标本。

如果你把分手当成是一场必经的手术，你就会发现：比起眼前挨这么一刀，身体健康、延长寿命更重要。

这种时候，就是考验你耐受力的时候了。

电视剧《浪漫的事》里，老二问大姐，当初你们离婚的时候，你怎么熬过来的？大姐回答："怎么熬过来的，只有熬的那个人自己知道。"

可是，要我说，熬过来的感觉也非常好，不是吗？

当你从黑暗的隧道里走出来时，你还会怀念隧道里那点儿寒光吗？不会的。

不贪恋眼前那点儿寒光，你才能遇到生命中的暖阳。

这方面，我觉得某徐姓女明星当真是做得挺好的。她就是一个外表温柔但内心非常强大的狠角色。

如果一段感情，她觉得不应该再持续下去，那么，不管有多难受，她也会提出分手。分手后，她也会很难过，好几个月吃不香、睡不着，甚至半夜经常爬起来痛哭。但是，她永远不会再去联系那个她认为必须要分手的前任。

我很赞赏她这股子狠劲儿。她对自己的人生有非常强的掌控力，正是源于她有极强的自控力，对自己下得了狠手，决不会在一段不良关系中沉浸太久、浪费时间和生命。

说到这里，想给大家讲一个真实的故事。

美国传奇登山家阿伦·洛斯顿于 2003 年 4 月在犹他州的峡谷探险时遭遇意外。他的右臂被夹在石缝中无法动弹，他只好借由身体的力量靠在峡谷岩壁上。

他以为有人会来救自己，所以就这样支撑了五天。五天之后，他带的水耗尽了。

没办法，他只好像壁虎断尾一样断臂求生。他用小刀一寸寸地割断自己的手臂，成功地从石头缝中逃脱，并忍着剧痛走了 8 千米，最终获救。

抢救他的医生说：再晚一个小时获救的话，他就会因失血过多而不治身亡。

也许是这个故事太发人深省了，导演丹尼·博伊尔根据这个真实故事拍摄了一部电影叫《127 小时》。

看电影的时候，我也在想：倘若登山者早一点儿放弃等"别人救助自己"的心理，敢于对自己开刀，又会怎样呢？

让一个人向自己开刀，逼着自己离开已经习惯了的境地，是很难的。这需要非凡的决断力、觉知力、勇气和毅力。

而我们大多数人，都不过是普通人。

人都有爱惜自己的心理，不到万不得已舍不得对自己下狠手，可很多事情确实是这样的：你不早点儿止损，时间长了，可能会被暗黑能量完全吞噬，再产生不了自救的力量。

我们内心深处的恐惧和懦弱，就像是一条欺软怕硬的狗，你越是害怕，它越是跟着你。你若是敢于拿起武器直面它、挑战它，它就一溜烟儿地跑了。

我们之所以恐惧一些人和事，是因为我们把它们看得太大而把自己看得太小。事实上，如果你强大了，无惧了，它们也就不算事了。

克服我们内心深处那些挥之不去的恐惧、走出阴影，当真不能指望任何人，我们只能靠自己，而每一场自我救赎都不可能是一件轻而易举的事，你需要沉入最深沉最黑暗的深渊，经受连皮带筋的撕裂和疼痛甚至是地狱般的折磨，才能走向新生。

我们每天都喊着要征服这、征服那，其实我们最应该先征服和战胜的是自己。

只要你战胜了自己，那么，你就有了赢过别人的胜算。

为什么？因为百分之九十以上的人，都止步于"战胜自己"这个阶段。

你有勇气做那百分之十，你就是赢家。

失恋是人生的必修课

（一）

最近，一个朋友失恋了，处于一种生无可恋的状态。她和男友相恋多年，感情已经比较深了，但男方为了前途，弃她而去。她突然发现自己的心灵没有了依托，整个人变成了行尸走肉，不知道活着还有什么意义。她甚至数次跑到男方所在的小区、单位去找他、纠缠他，都被他无情地赶了出来。

她跑来问我："羊羊姐，我要怎么做才能走出失恋的阴影呢？"

我估摸着，很多人第一次失恋，估计就是这种"天塌了"的感受。你感觉像是万箭穿心、肉体撕裂、灵魂粉碎，有的人甚至会出现生理性的疼痛。

情感路上，我们与他人"从一而终"的概率是很小的。失恋这种"第一次"，是"人生必经"，也是我们在学习爱的路上必须要上的一课。这一课你上完了毕业了，往后再面对这样的情况，会应对得更从容。

每一对恋人相处到浓情蜜意的时候，都会说些山盟海誓的话，什么"永远只爱你一个""爱你一万年""爱你到海枯石烂"等等，仿佛我们真能做到似的。恋人听了，自然是心花怒放，但这些情话和誓言，用来调情可以，用来当契约就不妥当了。

人会变，事会变，爱也会变。爱人对你的忠诚，甚至都比不上一只狗对你的忠诚。狗狗已经算是对人类忠诚的动物了，但它也会死，也会出意外，也会离开你。既然我们能接受宠物狗的离开，也应当能承受爱人的变心和离开。

天要下雨，人要变心，你能怎么办？

你唯一能做的，就是接受它，战胜它。

只要你心胸够宽大，性格够坚韧，对自己更下得了狠手，这样的伤痛迟早都会过去。

与曾经的爱人分离的痛苦，就像是一场急性病。起初病发时很严重、很危急，但随着时间的流逝，这场急性病终究会好。当再回首时，你只觉得当初的自己傻得像一个笑话。

谈场恋爱被"甩"，很多人沉浸在失恋中无法自拔，倒不是因为失去了对方，而是自己的自尊、自恋受到了挑战。

他们无法接受自己是一个"不好"的人，是一个"对对方不再有价值"的人。他们之所以会感到痛苦，不是这事有多值得痛苦，而仅仅是不甘心，或者说不习惯。

人类很大一部分的痛苦正是来源于：不习惯。

失恋了，离婚了，你痛苦，不是因为多爱那个人，不是因为被那个人伤得有多深（毕竟这都是过去式了），就是不甘心、不习惯。

一个人失业了，破财了，感到痛苦，不是因为少了多少物质享受，更多的还是因为不习惯失业的日子，不甘心过贫苦的生活。毕竟，人们"需要的"和"想要的"是两回事。人需要的，其实是很少的。

一种旧生活、旧秩序被打破，而新的生活、新的秩序没有被建立起来，你有失控感、痛苦感，还是因为不习惯。

人们感受到"痛苦减少"，大多是来源于：习惯了。

不是问题被解决了，而只是习惯了。

习惯了一个人过，习惯了贫苦，习惯了另一种生活模式……你甚至可能会从这种生活中，找到新的生活乐趣。

从这个意义上来讲，接纳和习惯是已经发生的，简直就是一门人人必备的生存哲学。

（二）

一个女性朋友，遭遇丈夫出轨还被离婚，她痛不欲生，总想把丈夫夺回来，谁劝都不听。

表面上看，她好像是爱着丈夫、离不开丈夫，其实她只是不甘心，只是想赢，又或者，只是放不下自己已经付出的沉没成本。

无法做到及时"止损"，就是因为无法舍弃沉没成本。你付出越多，越难收手。想要止损，就得和自己的本能作对，和自己长期以来笃信的"只要坚持就会胜利"的心理惯性作对。

打个比方：你花了600元买了一餐自己根本不爱吃、吃下去，还可能会闹肚子的饭，但一想到自己为此付了费，就硬着脖子把它全吃完，吃完果然闹肚子了，去医院治疗，反而花去1600元治疗费和治病的时间成本、机会成本和心理成本。

同理，因为你曾在那个人身上付出过比较多的时间、精力和金钱成本，一旦让你割舍掉这种成本，你就发自内心的抗拒甚至做出极端行为，可如果你不及时止损，最终的结果就会得不偿失、害人害己。

不肯接受失恋、失婚事实的女性，身上往往存在一个比较致命的问题：习惯自我麻痹，拒绝男人不爱自己的事实。男人稍微给颗糖，她就变成了睁眼瞎。

为何她会拒绝接受真相？因为接受意味着自恋感会被破坏。

每个人都可能会有不被爱的经历。你的感受，他再也看不到；你的需求，他再也不愿意满足；你想要走进内心的通道，通通被他堵死。他甚至都不愿意再多看你一眼。你得到的永远是：无视，无视，无视……

这种真相太难接受，怎么办？当只鸵鸟吧，把头往沙子里一埋，就以为外界的"山雨欲来风满楼"变成了"海市蜃楼"。

我时常也会接到一些女孩子对于自己伴侣的抱怨，但中心思想总结起来，也无非就是以下几种：

"他虽然脾气暴躁，对我实施家庭暴力，但他还是爱我的。"

"他虽然出轨，可我觉得他还是爱我的。"

"他虽然不养家也从来不做家务，但他还是顾念这个家的。"

"虽然他跟我上床从不戴套，让我堕胎数次，可他还是爱我的。"

……

接受自己不被爱，有时候比"觉得自己被爱着"的自我麻痹更加难。

有时，她们宁愿相信一个男人是因为工作太忙，太孝顺，太爱面子，太年轻，童年阴影太多，太迫不得已，太累……才会完全看不到你的感受。

她们往往不愿意看清也不愿意接受一个最简单的事实：他只是不爱你而已。

是的，真的不是因为太忙，不是因为太孝顺，不是因为有童年阴影，不是因为遭遇了车祸，也不是因为手机被盗贼抢走了，不是因为有健忘症，更不是因为你已经坚强到可以令他不担心……他只是单纯的不爱你，甚至已经爱上了别人而已。又或者说，他自始至终只爱自己。

对于我们拒绝承认的事情，我们总喜欢寻找着各式各样的理由来支撑，甚至不惜引经据典。从书本上、电影中和别人的爱情传奇里，寻找让我们坚持的答案。

但亲爱的姑娘，永远别相信情感专家说的那些这样或那样的规则。情感是没法量化的，也没法比较和评价，相信自己的直觉就好。

爱就是爱，不爱就是不爱，你不会猜错。

越是不被爱，我们越要学会爱自己。别因为一点点甜头就沦陷，也别因为别人给点儿暖光就像飞蛾扑火一样往火坑里跳。带眼识人，变聪明点儿，你才能在刀剑无眼的爱情江湖中不沾血腥、全身而退。

如果你发觉自己爱上的是不合适的人、消耗你的人，如果你想要真正享受爱情和自由的美好，过更高质量的人生，就请放掉对"从一而终"的执念，及时放手。

放过别人，其实也是放过自己。人生短暂、宝贵，机缘合适的话请重新投入另外一段爱情中去，好过两个人的抵死纠缠。

有时候，我觉得，我们这个社会的男女太容易把婚恋当成一场投资了。婚恋这棵种下去、浇水、施肥后，就可以等着它发芽、开花、结果的树，一旦不结果，或者树上结的毒果不是你想要的，就沮丧得像个洒了牛奶的孩子。

可是，如果我们只是把婚恋当成是一段旅程呢？你走过，路过，爱过，恨过，最后离开。那个人陪你走过一程，后来你们走散，你继续赶路，奔赴远方，就像河水流过河床，奔入大海。再回首看来时路，那些恩怨情仇，那些消耗和滋养，早已经微不足道了。

我们自己的心是无常的，别人的心也是无常的。接受无常，是人生的必修课。你只有接受了这一点，才能真正享受亲密关系、享受自由不是吗？

CHAPTER 02

自由

之

思想篇

找到你的"天命之选"

（一）

因工作关系，我认识了一堆在世俗眼光中"很不务正业"的人。他们来自五湖四海，有的是一幅画作可以拍出十万价格的画家，有的是资深摄影师，有的是常上电视的心理咨询师，有的是走了全球一百多个国家的旅行博主，还有美妆达人、时尚博主……大家都各有神通，都在各自的领域中"找到了自己"，做着自己最感兴趣的事情。

其中，最让我受触动的是一位"90后"女画家。她叫青一，个头儿不高，目光柔和，长得很耐看。

青一悟性很高，是个能考上北大的姑娘。她创过业，做过专栏作者、美国小学老师、国际学校托福老师、金融公司董事长秘书、国企项目经理、卖花姑娘、发传单女孩等。在成为画家之前，她有过很长一段找寻"真我"，寻找自己"心之所向"的日子。

在北大读研究生时，她饱受抑郁症困扰。她找不到自己读研的意义，后来干脆任性地退学了，放弃了让别人艳羡的北大学历。

她在大公司工作过，也创过业，曾经成为能超越同龄人的"精英"，过着让别人艳羡的生活，可是，她并不快乐。

一次偶然的机会，她去了法国，在那里看了凡·高、莫奈、毕加索等的画展，被凡·高的一幅画击中心灵，顿时泪流满面。

回国后，从来没有受过艺术训练的她，开始拿起画笔画画。第一张画作出来就被专业人士夸赞"有天赋，有灵气"。

她辞了工作，成为父母朋友眼中"不务正业的人"，从此一画不可收拾。家里人都觉得她疯了，放着好好的高薪工作不做，非得去追求这种不切实际的绘画梦想。

画了几年，她的画作越来越受业界好评和市场欢迎。她开始去国外举办画展，其中有一幅画作被以十几万的价格收藏。

渐渐地，她发现：原来画画也是可以养活自己，让自己过得很体面的。

我很喜欢青一的画，每一张都充满想象力和灵气，色彩搭配充满视觉冲击力。第一眼见到这些画，我就觉得自己被击中内心。你说不上哪儿好，但是就是觉得它好。"画得好"是什么概念呢？我觉得不是"画得像"。低级一点儿的"画得好"，是画得好看；中档一点儿的"画得好"，是那些画会讲故事、传达某种情绪；高级一点儿的"画得好"，则是洞悉世界真相，通达内心。我觉得绘画表达的应该是画师们对这个世界的偏见，而青一做到了。

青一聊起这一路的心路历程，用了一个很形象的比喻。她说我们绝大多数人的一生，都像是跟着手机导航走的，有时候，我们想跟随着自己的内心走，导航就会提示你"你已经偏离路线"，于是，我们就开始焦虑，因为前程太不可控了。可是，人生的路怎么可能跟导航一样呢？导航显示的路，是人们修出来的，可人生的路，只能靠我们自己走出来。

她写了这样几段话，我反反复复看了好几遍，很想分享给大家：

"我相信每个人都一样，总会有一件事对你来说就像呼吸和吃饭。你能放弃呼吸、放弃吃饭吗？那件事也一样，不需要赚够了多少钱才去做，而是不做这个事就没法过下去了。那个事就是生命了，能找到这个事就是成为自己了。

"曾经我以为自己是个精英，我自律、勤奋，考上北大，拼命地给自己贴上'我真优秀'的标签，太渴望被认可了，而这只是因为——我根本就不认识自己。当你认识自己，你会发现，每个人本来都是天才。

"萝卜、白菜，本质上都是天才，天赋赋予他们各自天生、自然而具备的价值和用途，这就是天才的状态，本身就足够完美，不需要任何努力去成为什么别的。但由于我们并不知道自己的真实身份，需要探索并认识自己，也就是苏格拉底那句 know yourself（认识你自己）。

　　"还没获得对自己身份正确认识的时候，萝卜可能会以为自己是白菜，就要努力追求成为白菜，其中表现的最像白菜的那个萝卜会被称为精英。大概就是这么回事，天才不费努力而成为自己，精英努力成为他人眼中很羡慕的东西。

　　"任何让你坚持、奋斗、苦逼、凝重，需要效率、毅力、激励的事都不是从你心里开出的花儿。属于你生命的事业是燃烧、热烈、飞扬、激动、难以抑制的，它会让你看见心底的原发快乐和好奇，它在你眼中明亮，在你手中发酵，在你心里炸开花，在海底也能看见星空。"

　　对青一而言，人生中前二十几年就是一场丢掉"真我"再找回"真我"的过程。

　　和绝大多数人一样，她也曾努力成为"世俗标准中的精英"，可越是这种时候，她越是不快乐。当她放弃追求这些，而是停下来聆听内心、找寻真我，寻找到"心之所向"并义无反顾朝它奔去，她反倒获得了内心的安宁、自在和幸福。

　　而这一点，千金不换。

　　如今的青一，过得特别潇洒，活成了我所艳羡的艺术家的状态：不给人生做总结、做规划，不囤积身外之物，沉浸在自己热爱的事物里。

　　复旦大学哲学系教授王德峰说过这样一句话："四十不惑，不是真不惑，是见惑不惑；五十知天命，是你来到这世上，终于知道人世间只有一件事情是属于我的，并且我一定可以做好它，可以比别人做得都好。"

　　我觉得每个人的人生命题之一，就是要找到那件"能让自己的灵魂燃烧的事"。而这件事，就是你的"天命之选"。

　　对青一来说，这件事是画画；对我来说，这件事是写作。

（二）

我也知道，青一的现状、我的现状不一定是"所有追梦人的未来"。我们都希望自己能成为优秀的人，但最终不得不承认：优秀的人，在人群中永远只占少数。

社会学上有个词叫作"幸存者偏差"，不管是靠画画养活自己的青一还是靠写作养活自己的我，或许都只属于幸运突围的"海上冰山"。

白菜和萝卜不是同一个物种，但即使同是白菜种子，也有种子能长成喜人的大白菜，另一些种子则长成烂白菜。我们绝大多数人，就像绝大多数白菜一样，终究得接受自己只是"一个普通人"的事实。

很多人一直在追求成功、宣讲励志，对幸福和成功的评判标准非常单一，大家都削尖了脑袋想往成功之门里钻。

学校里、职场中、社会上，内卷化竞争越来越激烈。每个人都像是站上了一部停不下来的跑步机，都要拼尽全力才能站在原地，或赢取比别人快一点点的、微弱的竞争优势。

可是，人生一定要这么过吗？

有的人能挖掘到自己的天赋和优势，能找到点燃自己生命的"火花"，找到自己的"天命"，成为一个活得耀眼、自在和心灵富足的人。

这种天赋和优势可能是天生的，学不来的，但是，天赋值也有高低。就拿我自己来说，我觉得自己是有一点儿写作天赋的，只是这个天赋分值很低。如果曹雪芹的写作天赋是一百分，那我可能只有八九分。

不是每个人都能成为自己感兴趣的行业里的精英的，因为每个人的天赋、智识、悟性、能力、机遇、身体状况千差万别。绝大多数普通人可能是没有天赋的，但社会以及现实需要他们去从事那些"只要他们经过努力，也会有所收获"的行业。

有很多人，一辈子平平无奇。他们可能终其一生也找不到自己的兴趣、特长，但只要他们懂得享受上苍赐予的一切美好，带着感恩与热情的心参与每一场生命体验，感受日出日落、云卷云开，花开花谢、潮涨潮落、萌芽与叶落，那么，就这样活着也不枉此生呀。

　　每个行业，都存在一个金字塔，绝大多数人只能匍匐在塔底。也正是这些处于塔底的绝大多数人，才保证了整个社会基本盘的运转。他们当中有很多人做着一份普通的工作，肩上扛着一份普通的责任。他们需要早出晚归付出劳动、用汗水换取金钱，养活、养好自己所爱之人。

　　没有天赋的人依旧很努力，这世界才变得精彩纷呈。而他们的努力，也很有意义。换而言之，"做个快乐的普通人"也是一种"天命之选"。

　　很多人活了一辈子，却只是麻木地"活着"，努力活成让别人羡慕的"另一个人"。生命对他们而言，更像是完成一张试卷，达到一个考核标准。

　　可是，人也应当像草木瓜果一样活着啊，这是最接近自然的"活着的方式"。

　　它们随性生长，怎么舒展就怎么活，哪儿有活路就往哪儿去，不纠结，不拧巴，不钻牛角尖。它们无惧他人眼光，只活自己的生死。

　　我们人类，却总喜欢画地为牢，活在别人制定好的框框里，并认为那意味着绝对的安全。正如你所知，安全和自由有时是相悖的，而自由和幸福是相连的。因此，真的不必活在世俗评价标准里，不必活在主流社会通行的那一套关于成功与幸福的考核标准里。

　　这世界上没谁有资格考核你，除了你自己的内心。

　　请像脱壳的蝉、破茧的蝶一样，从盲从的蒙昧里挣脱出来，努力把自己从蜷缩活到舒展，听从内心的召唤，去拥抱心之所向，去往更光明、更开阔的地方。

　　你要内观、接纳，才能对自己诚实，对世界真诚。一旦你能真实地活着，你的内心就能少许多内耗，你的能量就能回到你身上，引领你创造、飞升。

　　幸福从不是境遇，而是心性和情怀。

　　和每一棵植物、每一种动物一样，每个人都有适合自己的生长方式。新的旅程上，请努力找寻真我，成为你想成为的那种人吧。

先解决自己的问题，再去谈爱

（一）

某晚，我心血来潮又看了一遍王朔的小说《过把瘾就死》。

小说中的杜梅是一个非常经典的文学形象，在爱情里特别"作"，对爱索求无度，但又很纯粹、简单、真实，像一个吵着闹着要棒棒糖的孩子一样。在爱情憧憬得不到满足的时候，她所爆发出的能量远远超过各种国仇家恨的总和。

在《过把瘾就死》中，男女双方是一对将吵架当成日子来过的夫妻。女主角婚后一直在找男主角吵架，吵架的核心基本围绕着"你到底爱不爱我"以及"你心里是不是只有我一个女人"。两人产生矛盾，女方总是靠让对方猜测、冷战、出走来获取关注，以至于有时候我觉得：如果她把在爱情里作天作地的能量用到别处，估计都能撬起地球了。

女方这种性格的形成，来源于她内心深处很没有安全感。她的爸爸是语文老师，喜欢上了自己的女学生，要跟她妈离婚，可是她妈死活不离。然后，两人吵架、打架，她爸一激动就用绳子勒死了她妈。她爸过失杀人，被判了无期。

原生家庭的不幸，让她始终对爱抱着怀疑的态度。她的丈夫则因为害羞，因为大大咧咧，因为"觉得没必要"，因为不耐烦，很少给女方一个明确的、肯定的答复，这就导致女方内心深处很没有安全感，要用"闹腾"的方式来确认对方对自己的爱，就这样，两人的关系陷入恶性循环。

063

虽然小说作者给了两人一个好的结局，但说实话，这样的感情，在现实生活中是很难长久的。

（二）

年轻时候，谈恋爱的我也是个"大作精"。

那时候，我时间多、精力充沛，加之受原生家庭的影响（我爸妈就没跟我示范过什么是和谐相处），再遇上一个没能力承接我性格缺陷的人，日子过得也是鸡飞狗跳。

人家含糊其词跟我提分手（比如只说"分开一段时间"，不说"分手"），但行动上却表现出来还很关心我的样子……我的"作"病就彻底爆发了。

我山长水远地跑到他所在的城市，就是想要一个"交代"。没要到明确答复后，我却负气扭头走了。

当时，天色已经很晚了，他怕我一个人回去会出事，就提出要开车送我。我想着"既然你都提分手了，那我的安全就再与你无关"，只兀自闷着头往前走。接着，就出现了"我在前面暴走，他开着车以极低的速度在后面追"的奇观。

我心想："哼，不是提分手了吗？不是不在乎我了吗？我的安危干卿何事？"

心中竟莫名其妙升起一种报复和胜利的快感。

现在想来，自己不仅是个"作精"，更是个"戏精"。

有多少痛不欲生、辗转难眠、以泪洗面、非你不可、没你不行，全是演给对方看的，目的只是为了引起对方的注意。

精明如我，怎么可能会为了一个男人、一段感情伤害自己的利益呢？就我这种不肯给男人花超过五百块钱的女人，即使要表演绝食，也是会事先在枕头底下藏饼干的那一类。

一切的一切，仅仅是因为年轻时候我的时间不值钱、精力不值钱、眼

泪不值钱。感情？估计也不大值钱。我只是需要一个道具，帮助我完成青春期爱情这一课，至于对方是谁，反倒显得没那么重要了。

现在想来，我真是幼稚啊！

我会那么"作"，说到底是因为没有能解决我自己内心的冲突。在对方面前当个"戏精"和"作精"，只是"我没学会和自己相处"的一个外在表现。

我时刻想获得对方的关注，只不过是因为在原生家庭中没有得到过足够多的关注。我只会用"作"的方式去解决问题，是因为我不自觉地复制了我妈对待我爸的错误方式。

有时候回想起来，会替自己感到害臊；但更多的时候，会觉得：嗨，人不矫情枉少年，年纪轻轻就活得成熟稳重、老气横秋，是不是也挺无趣呢？

完成青春这一课，获得成长，我们也就步入了中年。人到中年，哪还有精力胡闹？赚钱养家成了正经事。有那个"作"的精力，我还不如躺床上补个觉。

（三）

年轻时候，人们普遍荷尔蒙旺盛，很多情侣都相处得特别激烈。

以前认识一个二十来岁的女孩，跟男友异地恋，两人差不多两个月才见一面。

男方省吃俭用坐火车去看她，一见面两人如胶似漆。

两人好起来时，是真的很好。女孩生病，男孩寸步不离在床边照顾她，徒手接她的呕吐物。男孩没考上研究生，心情烦闷，女孩跋涉千里，连夜赶到男友身边。

两人吵起架来，也是天崩地裂。男孩跑去酒吧买醉，光吵吵不足以表达对对方的怨恨，两人就开始互殴，打到最后就躺在地上抱着痛哭。

就这么折腾了几年，两人最后还是分手了。

另外一个女孩，则是我曾经的闺蜜。她和前夫的相处，也非常激烈。两人谈恋爱的阶段就很爱吵架，吵完了和好，和好了之后又吵，再后来演变成互殴。当时，两人已经同居，住的是男方买的房子。男方那时候也是真爱她，枉顾父母的反对，直接在房产证上加了她的名字。有一次，不知道怎么，两人又为些琐事吵起架来了。男方气得要死，拎着她的腿，把她从房子里倒拖了出去。她气到不行，不知道从哪儿生出力气，砸开了门，操起桌子上的空啤酒瓶子就朝男方头上砸过去，直接把男方的头打破，鲜血直流。

　　看到男方头上、脸上全是血，她慌了，赶紧送男友去医院。男方在医院缝了六针，包扎好以后就哭着跟女方求婚。他说，我很爱你，但我们不要再吵架、打架了，我们结婚吧，好好过日子吧。

　　整个过程，女方都有在发短信跟我直播。

　　头一天晚上，女方还跟我说"羊羊，我觉得这次我们走到尽头了，他不会再原谅我了"。我当时还回短信给她："你别想太多，先陪护好他，以后的事以后再说吧。"回完短信，我就去睡觉了，次日一打开手机，收到她的短信，说她已经答应了男友的求婚。

　　他们俩就这样结婚了。婚后并没有好好过日子，而是继续吵、打、闹。两个人当时住的房子比较小，只是一房一厅。大冬天的，男方想早点儿睡觉，但女方想熬夜，为此两个人可以吵几个小时。女方后来想睡觉了，男方就不让她睡。她关灯，他就跑去打开……然后，又开始吵、互殴，打闹到天亮。

　　这中间，两个人都差点儿跳过楼。再后来，如你所知，两人还是离婚了。为了争夺孩子抚养权和分割房子，最后闹得一地鸡毛。

　　在"相处得很激烈的这种事情"上，"强中更有强中手"。一个新郎结婚头天和新娘吵架，新娘气急败坏地冲到厨房拎起菜刀，一刀下去竟然把新郎的脚筋砍断了。能怎么办？酒席请柬全发出去了，第二天新郎坐着轮椅结婚。婚后，两人还生了孩子，可惜战争不断，只能离了。离婚后，他们各自再找伴侣再婚、再生孩子，现在，两人膝下有同父异母、同母异父三个娃。日子嘛，照例过得只是"热闹"，毫无幸福可言。

据我所见，这种相处得激烈的情侣，没有一对是善终的。

也许他们当时的确是真爱，但两个人之间的距离太近了，都把自己的人生整个儿地捆绑到对方身上，每个人都毫无顾忌地在对方面前表现出穷凶极恶的一面。但是，我们只是普通人，谁又能承受对方那么多的不堪呢？

夫妻之间，最好的亲密关系是"亲密有间"，说的就是这个意思。"亲密"这个字眼儿，很好理解。"有间"是什么意思呢？是自己能对自己的情绪负责，不依附、不捆绑，保持独立，先各自美丽再相互吸引。

前几年，有这样一种说法挺流行的：爱是两个缺失的半圆合成的幸福整体。

我们问别人有没有找到对象，总是喜欢说：找到"另一半"没有啊？

说实话，把择偶形容成"寻找另一半"，这种说法我也是不认可的。

一半，对应的是另一半。它表达的是一种缺失的概念，只有找到另一半才算圆满。可问题是，我们可以自己独立成圆，不需要别人来补齐。

你看动物世界和植物世界，雌雄配种就很简单，不存在谁是谁的另一半的问题。

大家都是独立的个体，遇到了异性，就各取所需，相伴着走一段。

人类择偶，就非得是一个半圆遇到另一个半圆吗？就不可以是一个球体遇到另一个球体，大家一起往前滚吗？滚向未来，滚向死亡。

你只有最大程度地解决好了自己内心深处的匮乏问题，解决掉自己内心深处那个会吞噬一切、吸食别人能量的空洞，达到"能与自己和谐相处"的境界，变成一个成熟的、情绪稳定的人，并在此基础上去寻找一个相似的人，两个人在一起才会长久。

当然，即使你是一个能对自我的情绪、健康、选择、承诺、志向、生活、未来等负责，能自我兜底的人，也不一定能遇到合适的人。毕竟，爱是天时地利的迷信。

正因为有很多人根本达不到"成熟"甚至永远不可能成熟，所以，这世界上才会有很多类型不完美的爱人。

有人好相处，不干涉你自由，在发生冲突时能瞬间向你妥协，但不专一；有人很专一，但对你有极强的掌控欲，跟你相爱相杀，把日子过得鸡飞狗跳；有人像烈酒，够刺激，但喝多了你也扛不住；有人像白开水，温和，平淡，但相处时间长了你也会觉得人家无趣。

也许，这世界上根本就没有完美的爱人，甚至根本没有"合适"的爱人。所有的"合适"，都是时光熬出来的。

我们能怎么办？只能先完善自己，不把爱情当成生活的唯一，这样才不会在爱情憧憬得不到满足的时候歇斯底里，才能在丧失爱情后还能找到人生新航向。

爱的路上，选择比努力更重要

（一）

我有一个朋友跟她丈夫是相亲认识的。

第一次见男方，她觉得他很帅，就加了他的微信。她是一个乖乖女，从小到大暗恋过人，但没有谈过恋爱。男方对她穷追不舍，她就和他在一起了。在一起之后，男方表现得特别乖、特别有家庭责任感。

有几次，她因为他太爱玩而闹情绪，想要分手，男方就对她死缠烂打，说是非她不娶，态度还非常诚恳。男方多制造点儿浪漫事件，再通过做点儿家务等方式努力向她证明自己婚后会是一个好老公，她就被这种"诚恳"打动了。

两人订婚的时候，她还是有点儿想打退堂鼓，但她爸爸觉得女儿年纪也不小了，两人谈这场恋爱，周围的亲戚朋友都知道，准女婿也就稍微爱玩一点儿，整体还算靠谱，就催促女儿早点儿成婚。

婚礼那天，她开始觉察出不对劲儿来。男方的哥们儿来闹婚房，种种粗俗甚至下流的言行举止是她想不到的，他们喝醉了还在婚房里吐。男方呢，陪着哥们儿各种玩闹，闹到半夜才睡。而男方的那些哥们儿，很多是她第一次见到。以前男方从来没有带她去见过他们，她压根儿都不知道他的生活中还有这拨人的存在。

结婚后，男方被裁员，暂时没了工作，白天在家闲待着，晚上则出去找哥们儿打麻将、喝酒，回来得很晚。家里都是靠她养着，她每个月还要给丈夫一千元的零花钱。

丈夫把哥们儿看得特别重要。有时为了开车接哥们儿，下雨时竟让她自己打车回家。过年，她跟他回老家，他就把她扔在家里，一个人出去玩。晚上，他酒后开车，和别人吵架，回到家里四点多，竟然把她摇醒，还让她安慰他。

对丈夫这种生活方式，她提出过抗议，但是没什么用。丈夫随手就把一顶"把丈夫管太死"的帽子扣在她头上，还动不动就甩出"我哥们儿的老婆就不会这样"这句话。

日子都过成这样了，她暂时还没有决定要离婚，说是怕折损她爸的面子，这令我彻底无语。

她只是跑来问我："女人若是遇上渣男，毁一生。那么，女人到底要怎么做，才能避开渣男呢？"

我只能回答，所有故事的结局，都已经写在了开头。女人避开渣男的唯一方式，就是不选他。如果你不幸遇上了渣男，不一定会被毁掉一生，关键是要看你的"基本盘"稳不稳。

也就是说，小鸟选择栖上树枝，可不是因为它觉得树枝永远不会断、不会腐朽，而是因为它知道自己会飞。

（二）

女性结婚前，确实需要练就一点儿"鉴渣能力"。

有些男人在婚前真的好会伪装，女人没点儿火眼金睛真的很难识别出来。

我身边就有一些女性，在婚后才惊讶地发现枕边人竟是个赌鬼、夜店咖等，而他们特别爱找看起来有点儿乖、有点儿贤惠的"良家妇女"结婚。

比如说，很多"夜店咖"本身不会找"夜店咖"结婚，因为他们非常清楚喜欢泡夜店的人在家庭中不能提供自己想要的东西，也明白夫妻双方若都是"夜店咖"的话，孩子就废了，这个家庭也难以为继。

这类男人想要的都只是"享受我来，家庭责任你负"，算盘打得可精了。他们大概也知道你不会喜欢找一个"夜店咖"做老公，于是，婚前拼命伪装，婚后则暴露本性。

女孩子找对象，有一个比较核心的标准：顾家。一个男人若是不顾家，那么，家庭的所有责任都会倾斜到你的身上，你的人生将变得苦不堪言。即使将来有一天，你选择了离婚，可能也是"杀敌一万，自损八千"。

如若你上了贼船的话，人生会比较悲剧。跟有些人在一起，你再努力也没有办法获得幸福。因为，选择比努力更重要，眼光比能力更重要。

理论上，如果每个人都能坚持"做自己"，那么这个世界上会少很多悲剧。我的意思是，哪怕你是个烂人，也要坚持"做自己"，不要伪装。

从某种意义上来讲，一个烂人坚持做自己，也是对自己和他人的善良。烂人和烂路一样，都该烂在明处。

很多烂路上，都会树一个"此处有坑，请绕行"的标识，提醒过往来车避开。若是不树立这种标识，还要假装自己是条好路，比如明明地面已经塌陷，却要铺上一层秸秆再盖上一层黑布假装是柏油路，吸引好车开进坑里，真的挺不厚道的。

烂人可能会变好，烂路可能也会修好。那就等自己变得更好之后，再将自己置于众人前。

可惜啊，这只是"理论上"，只是一个"美好的愿望"。

有的女人几次嫁人都没有选对男人，当然有自己的原因，但男方的"善于伪装"恐怕也难辞其咎。

在婚姻这条路上，我们每个人都是自己的"司机"。你不仅要赚钱买好车，花时间练好车技，也需要多见见世面，提高自己的"鉴路能力"。

这个能力有时真的比赚钱能力、车技更重要。

如若鉴路能力不行，但你买的车够结实、车技够好的话也还行，这样你即使把车开坑里去了，也还能把车开出来，顶多就是浪费点儿时间、多出点儿修车钱。怕只怕，赚钱能力不行，买不起结实的车；车技也不行，还眼瞎，开坑里去就开不出来……

唉，所以你看，人生多难啊，会赚钱买好车、能把车开好、又能精准鉴路的人太少啦。好车、好车技、鉴路能力，你总得占一样或者两样吧？

若是都没有，人生可能就真的比较悲剧了。

（三）

现实生活中，很多婚姻之所以会破裂，还真是因为女方没找对人。越是底层这种趋势越是明显，农村女性离婚的原因真的是一部血泪史。

在中国，女性的离婚成本太高，离婚后出路很窄，很多女人宁肯"打碎牙和血吞"也要在婚姻中凑合，而那些毅然决然选择离婚的女人（特别是有孩子的那一拨）很多是因为无法忍受男方的恶习。

也就是说，对于一部分女性来说，她之所以要经历一场"婚劫"，不是因为她人不够好或是不懂经营婚姻，甚至都不是她和男方不适合，而是因为男方太渣。任何女人跟他们结婚，都要被折磨得遍体鳞伤。

女人如果一定要谈恋爱、结婚，那就一定得练就"鉴渣能力"，从源头上绕开渣男。

如何识别渣男？这估计可以出一个教程，但是，即使有人熟读了教程，真遇到了，还是没办法精准识别。毕竟，好男人都一样，而渣男却各有各的渣法，而我们没法保证自己一辈子不会把车开到坑里去。

也正因为如此，我对那种"她之所以遭遇渣男还不是因为当初自己眼皮子浅，没有挑一个优质男人结婚生子"的言论无法苟同。

谁能保证自己一辈子眼光都好呢？你眼光好，怎么不在二十年前借钱买入二十套房子，在股市低迷时买入大量股票，在 20 世纪 90 年代随便开家厂子都能发财的时代开厂？

人之所以有局限，就是因为人不是神，无法预测未来，不知道当下做出的选择到底对不对。马后炮谁不会？

挑个优质男人的精子生孩子？优质的标准是什么？怎么挑？那么多结

婚后又带着孩子离婚的单亲妈妈，在决定和一个男人结婚生子时，哪个不认为自己挑中的是个潜力股？买菜都会买到表面完好内心却有蛀虫的烂番茄呢，何况挑选男人？

舆论倒真不必"成王败寇"到这种程度。说这些话的人，自己又高明到哪种程度呢？你现在琴瑟和鸣、花好月圆，也许不过就是真正的考验还没来临，不信你躺病床上三个月试试？

有些人就算是离婚了，就算跌倒过、沉沦过，曾经被人抛弃四处无援，但人家也能快速爬起来。就算是栽跟头了，人家也栽在了高于普通人的上方。

如此一想，有时又觉得遇上渣男好像也没那么可怕，摔倒了还能爬起来也很"刚"。"鉴渣能力"若是不行，但"扛渣能力"强，你的日子也不会过得太差。

人生本来就应该容人容事容错误，自我承担不后悔。

"人生赢家"不是包装出来的

（一）

曾几何时，"人生赢家"成为社交媒体上的热词。

我们似乎处处都能看见"白富美""高富帅"和"人生赢家"。他们大多看起来颜值高、有钱、有事业，春风得意，一出来就能收割旁人的一大票"艳羡"。

有人甚至总结出了各式"人生赢家"的标准：藤校、美国绿卡、北上广深市中心学区房、35岁退休。又或者是：全身微整手术成功、25岁已婚已育、有房有车。

这些标准中，像房产证、绿卡等是"硬核"条件，是完全伪装不来的，但有些外在的东西却可以复制。这不，我们生活中就出现了大量"伪人生赢家""伪白富美""伪高富帅"。

他们可能用着最新的苹果手机、穿着最贵最流行的衣服、用着名牌电子产品或包包，朋友圈里隔三岔五晒豪车、出国旅行的照片，他们爱虚荣，爱酒会，爱与上流社会接触，一副人生赢家的模样……当然，我们看到的只是表象，其实回到家里，他们可能都睡在"脏乱差"的出租屋里。

好多年前，我在一次户外活动中认识了一个朋友。她当时最大的梦想就是要嫁个有钱人。因此，她很舍得花大价钱包装自己。为了包装自己，她几乎把收入都用在了美容、服饰和社交上，衣服鞋子都买大品牌，包包买限量版，出门从不坐公交车，都是打专车。

可是，回到出租屋里，她就"原形毕露"了，无房无车无存款，每个月工资发下来只够还信用卡。别人第一次跟她接触，总认为她有点儿经济实力。若再跟她接触第二三次，她就露馅儿了。

久而久之，她确实也在各种精英圈里混得如鱼得水，时不时也跟某个其实不怎么富裕的"伪富二代"来个一夜情。

她的生活哲学是：人靠衣装马靠鞍。你不用力包装自己，有钱男人可能看都不会看你一眼，在商海里你可能都得不到合作的机会，更不要提嫁给他们了。

我跟她的价值观完全不同，因为我总觉得我们到底有几斤几两，人家终究会知道的。一个穷二代和富二代都隐瞒自己身份跟别人谈恋爱，一个装阔，一个装穷，最后真相大白时，装穷的能给人惊喜，装阔的只能给人惊吓甚至是厌恶感。当装阔的人被别人发现自己的真实情况后，反而更容易引发别人的不信任甚至丧失合作机会。

这个朋友最终也没能找到有钱人做男友，倒是有个比她小十三岁的、一穷二白的男孩追求她。男方收入不高，大概也是被她的"名媛气质"给唬住了，把她当女神，想攀附上她。现在，两人住在一起，房租她付，生活费大部分她出。

事业上，也不见她有什么起色。她出去谈生意，能吸引来的大多只是"头回客"，"回头客"很少。"头回客"源源不断到来，也能给她带来些收入，那些收入也撑得起她的消费。这让她更加坚信自己"靠衣装"的战略是对的，然后，她又花出去更多钱去买新款服饰包装自己。

她觉得我挺可惜的，我也觉得她挺可惜的。因为我觉得人和人交往的一个基本原则是：别把别人当傻子。

如果我们成天想着如何靠好的扮相吸引有钱人，其实有钱人也能看出来的。真正的有钱人能一眼看穿你是不是在装，是不是真名媛。他们也许一时被你蒙蔽，但多跟你相处几次，就会发现你的底牌。

（二）

前段时间，我听了一个演讲，主题是：想要你的产品迅速打开市场、想要迅速成为"网红"该怎么办？

演讲者建议大家一定要学会两件事情：第一，学会包装"强人形象"；第二，学会炒作。比如，挖掘甚至创造一个你"与众不同"的"点"来，然后包装和炒作它，吸引到流量以后，再想赚钱的事。

看完这个视频，我只觉得有点儿无语：营造"强人"人设，就一定能给自己带来财富吗？

群众都有慕强心理，这没错。你强，或者看起来强、赢面很大，大家就愿意追随你。

姜文在电影《让子弹飞》里，也生动演绎了这一点。鹅城的百姓拿到了枪，也不敢跟着张麻子去攻打黄四郎，直到张麻子的队伍把黄四郎家的门打得像个马蜂窝，并把黄四郎的替身押出来砍了头，人们这才相信"黄四郎已经死了"。惧心一减，连上了年纪的瘦老汉也敢于端起枪去抢碉楼了。

人性中有捧高踩低的一面，人们本能地热衷于锦上添花的事，给原本就强大的人再添把火。因此，一个人若是在网上伪装自己是"白富美"或"高富帅"，每年能赚很多钱，自己不管遇到什么事都能搞定，大家就很容易对其产生崇拜心理，将其捧到一个很高的位置，让他从原先的"装有钱"变成后来的"真有钱"。

只是，我总觉得这种东西，像是泡沫一样不可持久。现实生活中，单纯靠炒作获利的，最终无一例外都走向沉寂。

理论上，通过炒作、包装，一个人确实可以赢得短期的利好，但"路遥知马力"，那些真正能一直傲立潮头的，往往也是骨子里有真本事的。

咳嗽、贫穷、怀孕、才华、真本事，都是不可持续伪装的。憋得时间长了，一定会露馅儿。

我自己也一直在思考一个问题：营造"强人"人设和成功之间，到底是不是真的存在因果联系呢？

我觉得，这种因果联系是很微弱的，至多只存在点儿关联，而且很难说清楚到底谁才是因、谁才是果。

很多成功者是真的强，所以才表现出来"强人的样儿"；而不是因为表现出来"强人的样儿"，所以他才成功。

一个人能成功，运气可能占了70%，经营"强人"人设也许只是部分成功者用过的手段。大家看到他们成功了，就认为是经营"强人"人设起了作用；成功者自己也从经营"强人"人设中尝到了甜头，将其作为成功经验四处宣传。

这种现象，给了普通人一种错觉：你也可以靠经营"强人"人设，离成功更进一步。可事实上真是这样吗？

举个例子：一个月入两万的女孩子，每天名牌加身、出行都坐头等舱、品起红酒来头头是道、名片上印的头衔是集团总监，张口闭口融资、上市。她一个月花一万五打扮自己，剩下五千拿去在别人看不到的地方花（比如租房子、吃盒饭），她能逆袭成为真正的"白富美"的概率有多大？

看不清她底细的人，或许会被她一时的"强人"人设所蛊惑，但这样建立起来的关系、人缘，其实都是社交弱链接。你在别人面前看起来很有钱、很有能力，但真正稀缺的资源和机会，人家未必会给你。

倒不如就在朋友面前呈现真实的自我，与那几个朋友建立"强链接"，在大家都还一文不名时经营好一份友谊，那么，在大家都成长为各行各业的骨干后，你才能真正得到他们给你的资源和机会。

在全媒体时代，这个道理也是不变的。

一个人靠"博出位"或"成功人士"形象来包装自己，其实是挺危险的。

任何时候，实诚人、能给他人带来实实在在利益的人，才最受欢迎。

再者，命运不可预知，今天的"朝堂座上宾"明天也有可能沦为阶下囚，没有人能一直风光，"好花不常开，好景不常在"也是人生百态，因此，把话说死了很容易被打脸。

对未来有敬畏，对自我有反省，才是一个人"不讨人嫌"的基础。

有意思的是，《欧洲心理学家》也刊登过一份研究结果，列出人生赢家的"清单"：一类因素看自身，包括性格乐观、积极主动、喜欢学习新鲜事物、适应能力强、社交能力强等；一类因素看外部，包括机遇好、"贵人"扶持、困难可控、受人信任等。

我觉得这个"人生赢家"的标准就正常多了。

职场不分男女，只分强弱

（一）

一个读者，给我讲了她妈妈"在招聘员工时更倾向于男性"的事。

这位读者的妈妈是个女强人，是在行业内数一数二的业务能手。行业领头人若是遇到什么业务难题，第一个想到的最佳人选就是她。

可就是这样一个女强人，为何在招聘员工时更倾向于招男性呢？因为在长期跟女下属打交道的过程中，她发现，相比男员工，她们更娇气：要爬梯子去楼顶看设备，女生大部分都往后缩；有些活儿干不动，就不想干了，稍微磕着碰着一下，就开始哼哼唧唧；要不就是今天请假说孩子病了，明天请假说孩子被打了，后天又不知道什么事又请假了。

这些女下属，大部分没什么事业心。你要求她晚上八点交个方案出来，要么一点儿也没做，要么随便做一下就交差。家里出点儿什么事情，她们的工作就要大打折扣。

这位读者的妈妈所在的小组属于精英小组，非常苦累，培养一个精英出来非常不容易。好不容易培养的女精英大部分没干几年就被各种家务事缠身，只得离开，有的人离职之前都不做好交接；相比之下，男精英更容易留得住，职业素养也更好。

她妈妈说，资本家都是看利益的。如果男人比女人好用，干吗用女人？

虽然我坚持认为案例中的问题是具体的"人"出了问题，而不是女性这个群体有问题，毕竟，案例中的妈妈就是"女性也可以在职场独当一面"的典型代表，但我觉得这个案例中提及的问题真的值得每一个女性反省。

在开始这个问题之前，我们先来谈谈歧视的本质。

毫无缘由的歧视别人，本质上是因为自卑。一个对自己没信心的人，才更容易在潜意识里寻找、放大、嘲弄别人的"缺点"和所谓的"弱点"，以此体现"优越感"，获得某种心理补偿。

但是，这位读者说的情况并不是"毫无缘由地歧视女性"，而是"一开始不歧视，但后来开始歧视了"。

后者这种情况的歧视之所以会发生，大多是因为归因方式出了问题。

遇到 A，发现 A 是自己反感的样子；

遇到 B，发现 B 也是这样子；

遇到 C，发现 C 也是一样的；

……

研究 A、B、C 的背景，发现他们的籍贯、性别、星座等属性都一致，于是，"以点代面"的歧视就产生了：某个地方来的人、某个性别的人、某个星座的人都不好，我们要避开。

歧视当然是不对的，但有时候，我们也怨不得人家有这样的歧视，因为歧视产生的另外一个原因，是为了追求高效率。

举个例子：我们都知道，学历不代表一切，现实生活中也有学历很低但能力非凡的人。但是，有很多公司就是限定"本科以下学历免谈"，这算不算是歧视大专生？也许，公司只是在试用本科生和大专生后，得出了这样一个规律：本科生大概率上比大专生聪明、好用、性价比高。

公司的 HR 招聘新员工，收到几百份简历，哪有那么多的时间、精力去一一甄别你是否算是"学历很低但能力非凡"的那一个，那就只能简单粗暴地歧视大专生，把他们一竿子打死，以节省公司的招聘成本。

面对这种为追求效率而产生歧视，被歧视一方在感到愤怒的时候确实有必要反省：为什么他们会歧视我们？如果不想被歧视，我们应该做些怎样的努力，为自己而战，为群体荣誉而战？

（二）

回到"女强人不愿意招聘女员工"的这个问题上。

我同情每一个既要承担家务、育儿等家庭责任，又要赚钱养家的职业女性，也深深地理解她们的各种不得已，因为我面临的就是这样的处境。

整个社会默认家庭中的家务、育儿等责任应该由女性无偿承担，导致很多女性不得不拿出浑身解数去平衡家庭和事业的关系。女性承担家务和育儿责任越多，在职场的发展空间就越窄……这几乎是父权社会中所有职业女性面临的困境。

如果你已经嫁了一个把所有家庭责任甩到你身上的老公，你选择为家庭付出多一点儿、为职场付出少一点儿，那么，只要你能接受工资待遇低，那也只是你个人的选择。但是，我不认为女性在家庭中承担义务过多，就可以成为在职场偷懒、不负责任甚至偷奸耍滑的理由。

我甚至见过这样的职场女性：怀孕之后，就在公司磨洋工。去趟厕所就花两个小时，仗着用人单位反正也不能随便辞退自己，各种揩公家的油。还有的女性，在职场中遇到不需要纯拼体力的难活、累活、重活，也各种推辞，推辞理由要不是"人家是女的"，要不就是"我的宝宝还很小"。

女性在职场装可怜、扮弱势、因为自己是女人就理直气壮地在职场拈轻怕重、偷奸耍滑，在任何时代都是为人所不齿的。老板不是慈善家，没理由念在你承担家庭责任较重的分儿上，对你降低标准和要求。

职场里分角色（老板、员工），分工种（比如有的工种可能更适合男人干，有的工种则更适合女人干），分强弱，但是不分男女。而一个职场人最基本的素养是什么？是敬业。

在职场中，利用女性所谓的"性别优势"在职场求照顾的行为，从某种程度上来讲，就是自私自利，甚至是"损职场，肥家庭"。她们不敢旗帜鲜明地要求丈夫承担他应该分摊的家务、育儿职责，就去企业那里占老板的便宜。

女性怀胎十月、哺乳十月，承担了大部分生育职责，已经让女性群体在就业、晋升时遭受到了歧视。如果你还不敬业，只会让这种歧视变本加厉。

在职场偷奸耍滑的女性变多了，职场就越来越不愿意给女性机会。你自己倒是占到职场的便宜了，以后你的女儿、你女儿的女儿不需要找工作、不需要晋升吗？

我们且不说这种不敬业的行为对整个女性群体就业前景将会造成怎样的伤害，只单单来分析它对这类女性可能会造成怎样的恶果。

仅仅因为你是女性，你就需要承担比较多的家庭责任，你就要求别人把你"当弱者看"，久而久之，你自己在职场中也越来越弱势，可替代性也越来越高。而你的丈夫则因为你承担了大部分家务和育儿责任，得以追求自己的事业，越飞越高。

你若嫁了个懂得感恩的丈夫，他会跟你说"军功章里有你的一半，也有我的一半"。若是不巧遇上个白眼儿狼丈夫，届时你拿什么职场资本跟他叫板？而那些会把所有家务、育儿责任都甩给你的老公，将来成为白眼狼的概率恐怕会更高。

我认识的一个女性朋友，早年在职场里毫无事业心，工作时偷懒、拖延，千方百计躲避难活、累活，以少干活为荣，动不动就请假回家照顾家庭和孩子。丈夫升任上市公司部门总经理后，她在职场混日子的心态更是严重，后来都没能保住那份工作。几年过去，她丈夫出轨了。这时候她才明白"相比受丈夫的气，受老板的气更轻松一些"。

我一直主张，不管在家里还是家外，女性都最起码的有点儿狼性，就是因为婚姻和家庭有时候并不是一个温柔乡，它有时候反而是麻醉剂。它看起来是退路，很安全，但谁知道前方的吉凶。

（三）

　　我理解现实生活中所有一手搬砖一手养娃的职场女性的处境。就拿我自己来说，孩子一发烧，我就得停下所有的工作去看护她。但我还是认为，既然我们选择出来搬砖，就得拿出点儿最基本的敬业精神。

　　敬业，意为尊重、敬畏自己从事的职业。说白了，就是"当一天和尚，撞好一天钟"，干一份事，尽一份职责。

　　敬业，看起来敬的是业，但实际上敬的是你自己。从一个人对待工作的态度，可以看出来一个人对待自我、他人、世界的态度。

　　怀孕期间，我在岗位上奋战到生产前最后一天，我从来没拿怀孕作为工作失误的借口，整个孕期的战斗力依然能"一个顶俩"。现在跟合伙人创业，在他面前我从来不把自己当女人，该我负责的事情绝对不会马虎。看护孩子用去的工作时间，回头我以"少睡几个小时"的代价补回来。一个朋友看到我的打拼状态，送给我这样一句评价：你是我见过的最拼的人，比男人都拼。

　　当女性自满于所谓的"性别优势"，整天想着靠"示弱""撒娇""占便宜"，渴望别人多照顾你一点儿，表面看好像占了便宜，可你为了这点儿蝇头小利放弃的是什么，有想过吗？是人生的主动权，是更多的可能性，是和男性平起平坐的资格，是向着"星辰大海"进发的动力。

　　这个世界有一条非常残酷的运行法则：大概率下，权、责、利对等。我们享有的所有权利，都是要承担责任去争取的。

　　正因为如此，我也反感那些"明明是自己在职场中不够努力导致在职场中处于弱势，却老拿性别歧视说事"的人。很有可能，老板歧视的是你，不是女性。绝大多数老板，不会跟钱结仇。如若你能让老板赚到钱，谁管你是男是女？

　　分析她们的心态，很有可能就是这样：把自己过得不好的原因归结于男性、父权社会，能有效维护她们看起来硬核但实际上一碰即碎的虚弱自恋，毕竟，怪罪于别人多容易啊，反思和改进自己多难啊。

职场分什么男女？讲什么感情？职场只有利益，是靠实力说话的地方。

敬业不是便宜了老板，而是为自己积攒底气和实力。

敬业的最大受益者，就是我们自己。

不要谦让，请向前一步

（一）

一个朋友在一家内衣公司做事，公司的主要客户群体是女性，但公司的总设计师却是个男性，他总是站在男性的角度搞出一些比较迎合男性审美和需求的设计细节，比如过分追求文胸的聚拢效果等。

本来产品多元化也是一件好事，可满足不同客户群体的要求，但是，当女设计师提出要设计一款无钢圈、轻薄透气的内衣的想法时，却被总设计师否决了……那你能怎么办？对方比你官大一级，那么，你的意见就变得不再重要。毕竟，用他的话来说，"没有人比我更懂女性内衣"。

这是一种很隐形的职场歧视，但它却非常普遍。

不信的话请各位职场女性问问自己：在自己的从业生涯中，你有没有遭遇过类似的情况呢？

你是个出版社的女编辑，想找一位女性作者写一本女性群体爱看的书，但是，你的上司是个男性，你的选题刚一提出来就被毙了，因为他认为女性不爱看这种书。

你是一个参与公园规划或商场建筑设计工作的女经办人，你跟上司提了一个建议：一般来说，公园和商场女厕所外排队现象很严重，女性厕所坑位应该至少比男性多出三分之一。但是，你的上司是个男性，他对这些事情根本没有切肤的体验，只是觉得这样做太麻烦，于是，冲你大手一挥说："你的建议不重要。"

你是个房地产公司的宣传策划人员，参与了一个楼盘的宣传项目。在遴选宣传口号时，你投票选出了一个比较能打动单身女性购房者的宣传口号，但因为你的上司和同事几乎都是男性，最终大家以"少数服从多数"的原则选出了一个物化女性的口号，你只能干瞪眼。

在这些事情上，你的提议根本没有错，甚至你的提议很有可能给供职单位带来更大的利润或者更好的社会影响力，但是，你根本没有实践它们的机会，因为话语权、决策权在人家手里。

（二）

在职场中，对女性的隐性歧视可以说是根深蒂固的。这一点，男性作为既得利益群体的一部分，是无法跟我们感同身受的。

我一朋友做 HR 很多年，他跟我讲起招聘新人的过程，总爱说"阴盛阳衰"。明明确定这次要招聘多少男员工，但一到笔试、面试，却发现不管在哪个环节都是优秀女性远远多于男性。

有时候，他们甚至需要在面试环节对男性多一点儿倾斜，才能保证招聘新员工时，性别比较均衡。新员工参加工作后，哪怕女员工的责任感、能力更强，但晋升时总是优先考虑男员工，所以，男员工只要稍微努力一点儿，就可以脱颖而出，做到中层。

大家仔细想一想就会发现：这体现的正是性别不平等。女性需要付出比男性更多的努力、表现得更加好，才有入围的机会。

在一些体检机构，前台、基层服务的清一色是女性，而管理人员多为男性。他们都"管理了"什么呢？不过就是收集客户数据，然后再往公司报送而已。可是，像收集客户数据这种事情，女性不能做吗？

文员类、行政类、服务类岗位，充斥着大量女性。哪里收入低，哪里就挤满了女性。而收入高的、决策权和话语权大的，女性基本上挤不进去。

是女性的智商比他们低吗？当然不是。

你有同样的学历、能力、条件，但招聘时很有可能人家优先录用男性，竞聘、晋升时人家也优先选用男性，女性被排除在很多机会门外，所以女高管的数量远少于男高管的数量。

在男性掌权比较多的行业，女性上台解析一个问题，很有可能首先被人注意到的是相貌、身材，然后是性别，最后才是她说了什么。而男性上台宣讲一个问题，人们反而能更专注地倾听他到底表达了什么。

整个社会都存在一种心理倾向：男人更专业。对某件事有疑惑，去问男人一定没错。去医院看病，很多人本能去找男医生。若是来了个女医生，他们会本能地怀疑人家是否足够专业。去买房买车，本能去找男中介、男销售，因为在很多人的潜意识里：性别男＝更懂。学校里，学生有问题要请教老师，也有人热衷于找男老师，大家都觉得男老师懂得更多。就连写作这种个人风格很浓厚的东西，也总有人认为女性写的东西缺乏气度和格局，"像是男人写的"就是对女性作者最大的褒奖。

曾经，有个高校女领导在接受采访时说道："男人更容易发号施令。在我们学校，女老师的人数更多，但通常来讲，她们更乐意听从男性领导的指挥。这是真的，虽然我也不太理解这其中的原因是什么。"

其实，这根本不是某一个高校存在的问题，而是几乎所有的职场都会存在的隐形性别歧视。有升职机会，人们也更愿意提拔男性，总是先入为主地认为男性镇得住场……这种"镇得住场"，本身就是对女性的歧视。

到底是什么人，需要你花费力气去"镇场"？当然是刁民。刁民为什么不怕女性？就是看准了女性不够有狼性、血性，不够有铁血手腕。如果让动不动就让人掉脑袋的武则天或慈禧太后来坐镇，他们还敢吗？自然是不敢的。

男上司用铁血手腕治理公司，没人说他们强硬、狠辣。女上司这么做，很有可能就会被取各种绰号，比如"慈禧太后""灭绝师太""铁娘子""强势女人""睡上去的，心虚"。

女人在职场上想做一件事情，总是会遇到比男人更多的阻力。

（三）

时不时我们会看到一些给女性延长产假、鼓励女性回家带孩子之类的倡议，而这些倡议多数是"男专家"们提出来的。

看起来，像是为女性和孩子着想，可这种举措实质上是平权路上的拦路虎。如果给女性延长产假却不对应延长男性的陪产假、陪护假，如果鼓励女性回家带孩子却鼓励男性留在职场拼搏，那么，以后谁还愿意招聘女性？企业是以盈利为目的的，不是慈善机构。

用人单位歧视求职者性别，归根究底在于成本效益考量。女性如果不能全身心投入工作，企业为了躲避这种"只出不入"的成本才会想尽办法在招聘员工的性别上做文章。

鼓励女性"多在家带孩子"这种决策，看起来对女性非常友好，但它却是一个圈套、一个大坑。理由有二。

第一，比起工作，带孩子更累且无偿。

第二，女性在职场上的优势被削弱后，方便他们进一步把女性赶入家庭做贤妻良母，这样，哪天若是婚姻破裂，女性"被离婚"，她就处于非常被动的境地。

给出这些倡议的"男专家"们，只是"单纯"地站在"为男性好、为家庭好、为孩子好"的角度考虑问题，很难设身处地考量女性的诉求、困境和所面临的风险。

在抗击新冠疫情的战斗中，有的地方会给驰援疫区的女医生、女护士准备暖心包，里面不但配有各种保暖设备、日常用品，还有指甲钳，吹风机等小物件，并为女性医护人员准备了卫生用品，被网友大赞"很贴心"。做出这些决策的，往往是女领导。很多负责做决策的男领导也不是故意这么"考虑不周"的，他们只是没法对女性的处境感同身受，也体验不到这些东西对一线女医护人员有多重要。

尽管很多实例和研究已经证实了女性在领导有效性上，未必不如男性，但"男性更适合做领导"的思维模式依然主导和影响着现代职场。

我们这个社会，对女性的规训总是比对男性的要多出来很多。

在家庭里，你被要求温柔贤惠、识大体、顾大局，但基本上，你不是为自己温柔、为自己贤惠，识的也不是自己的大体，顾的也不是自己的大局。

从小，我们女性总是被鼓励牺牲、奉献，被鼓励"燃烧自己，照亮别人"，活成别人的陪衬。在职场中，我们时常被规训：女人只要照顾好家庭和孩子就行了，聪明的女人都让男人出去打猎。

我辞职创业的时候，跟一个快要退休的男前辈提及了我自己想"做点儿自己喜欢做的事情"的想法。他对此表示非常不理解，问我："你一女人，还想干什么大事啊？你自己去找个好人家，再好好把你闺女抚养长大，让她也嫁个好人家，不就完事了。"

我当时只是笑了笑，并没有再辩驳。这是观念差异，我们没办法达成一致。但我知道，他的说辞代表了大部分人的价值观，在他们的观念里，女人（不管是我，还是我女儿）的好出路，只有"嫁个好人家"这一条。他们总觉得：你明明可以靠嫁人过上更好的生活，为什么自己还要辛辛苦苦去奋斗？这不是愚蠢吗？这不就是不懂得"扮猪吃老虎"吗？

"好人家"当然是有的，但现实生活中哪有那么多"好人家"？婚姻也是一条充满诱惑和风险的路。有人通过结婚实现了阶层跃迁，实现了合作共赢，但也有很多女人嫁人之后，不过就是做了别人的娘妻、保姆、保洁员、家庭教师，而且还都是免费的。这种时候，你要受丈夫和婆婆的气，可比受职场的气要痛苦多了。

职场受气了，你可以换地方，天下那么大，"此处不留姐，自有留姐处"。在家庭里受气，你的沉没成本可就太高了，牵一发而动全身。有多少女人就是被"嫁个好人家"引诱着走上这条道，咣当咣当生几个孩子，最终才发现它是一条做牛做马的不归路。

我没有反婚的意思。事实上，真正互惠互利的婚姻还是值得追求的。但我还是建议姑娘们要对那种"嫁个好人家"的行为保持警惕。这世界上没有天生为你准备好的"好人家"。你得到什么，都是要靠付出代价去换取的。

有句顺口溜说的是"天上下雨地上滑，自己跌倒自己爬，自己有痒自己抓，求人不如求自己，酒换酒来茶换茶"。要知道天下没有免费的午餐，等人施舍不如奋起自强。

脸书的首席运营官谢丽尔·桑德伯格曾经写过一本书，叫作《向前一步》。她在书中提出了几个观点：女性对自身表现的评价普遍低于实际情况，而男性则会过高地评价自己。很多女性在职场中不敢表现自己，不敢坐在谈判桌的最前面，她们总是倾向于"往后缩"，把机会让给男性。而作者，在书中不厌其烦地重申了这样一个观点：不要因为自己是个女性，就不敢去争取位置；不要为了家庭或是成为"完美妈妈"而放弃自己对事业的追求。

整体而言，我们这个社会的女性的狼性、血性，确实不如男性。很多女性出去工作，为的似乎就是那一份工资，没有利用工作培育自身人脉、技能、社会资源的意识。在和丈夫感情好的时候，她们特别容易做出辞职回家的决定。丈夫变心了，要离婚，就只能抓瞎。而男性（相对来说）不容易被所谓的退路所诱惑，因此他们更容易保持狼性，哪怕要离婚，甚至自己净身出户后也能过得很好。

我非常认同桑德伯格说的观点，坚持认为"女性一定要活出自己的狼性、血性"。如果有机会，一定要争取权益，争取资源，不要发怵，不要退缩，不要谦让。没有人会感谢你的谦让，相反，你的谦让可能会导致你的利益、你的生存空间被一步步蚕食殆尽。

女性真的要学会无视这些打压你的杂音，而是紧盯着利益迎难而上。不要理会他人说什么，而是专注于自己的目标，去壮大自己。

一个相对平权和谐的社会，真的需要更多的女性决策者。这就需要我们更有狼性、血性，要去各行各业争夺话语权、决策权和社会资源。因此，永远不要惧怕别人嘲讽你是"女强人"，永远不要接受社会对"女强人"的打压。相反，我们应该要勇于去做这个女强人。

只有我们壮大了自己、掌握了话语权，我们才能在隐性歧视中杀出一条血路，为我们自己、我们的女儿们赢得更公平的未来。

当然了，自由和权利不是骂来的，也不是乞讨来的，而是"争取"来的。

奋斗吧！为我们自己，也为我们的女儿们！

不会选择的本质是"不会放弃"

（一）

我收到的私信中，最常见的两个问题是：

"我要不要跟丈夫离婚？"

"我要不要辞职创业？"

也难怪他们会来问我，因为这两件事我都干过。

有时候，我觉得离婚和离职这事，还挺类似的，都是在某个环境中"受够了"，进而进入一个陌生的、未知的领域。

绝大多数人的离职原因，就是"钱没给够，心委屈了"，其他说辞都是"粉饰太平"用的。离婚呢，也差不多。除了"对方做了实在让你无法忍受的事"外，真没别的原因，什么性格不合、三观分歧什么的，那也都是说给别人听的。

结婚和找工作一样，一般都需要一点儿门槛，对大多数人而言也是一个非常郑重的决定。因此，当选择与伴侣决裂、选择放弃一份相对稳定的工作时，我们的确需要勇气、底气和实力。因此，当很多朋友发私信问我"我到底要不要辞职"或"我到底要不要离婚"时，我觉得这种问题没有正确答案，因为每个人的情况、喜好、需求等完全不一样。

但是，我非常理解每个人在面对离婚、离职这两件事时的纠结心情，也可以跟大家分析下，当初我是基于什么因素，才做出的这两个决定。

我们先说离婚。

我之前那段婚姻，换一般女人，可能是不会选择离婚的。

　　孩子出生后，借助孩子这个纽带，我和婆家人的关系已经有所缓和。前夫已经买了大房子，而且还是我梦寐以求的学位房且带独立书房那种，楼层、房号还是我去挑的。他创业小有成效，买了豪车，收入见长，而且他这人比较仗义，对家人从来不抠抠索索的，自己有一百块就愿意给家人九十块。

　　可是，我还是义无反顾地选择了离婚，因为他没法再为我提供任何情绪价值，他的存在只会对我形成巨大的精神、心理消耗。

　　我离婚时，我们各自挣的都归自个儿，各自欠下的债务各自担，我拿走了婚前我买的那套小房子和孩子的抚养权。这婚离得特别干净。

　　离婚后，一个认识他也认识我的女性朋友说我傻。她说："你跟你前夫结婚的时候，你前夫一无所有，现在终于有点儿小钱了，你却把革命果实让给别人了，你不是傻是什么？换我是你的话，我绝对不会离婚。"

　　我回答她，那是他家人和他自己创下的革命果实，跟我无关。我不想利用妻子这个身份去谋取财富，但我想用妻子这个身份去谋取爱。对方若给不了我想要的，他对我而言也就没什么价值了。而我之所以一定要离婚，也是因为我相信我可以靠自己的努力，过上我想要的生活。

　　就这样，她觉得我很傻，而我觉得她的想法有点儿卑微。

　　离婚后两年，我卖了婚前那套小房子，搬进了目前住的这套房子。这套房子带的学位价值远不如前夫那套，但是，我从不后悔。我也爱钱，但相比钱，我更看重情绪价值。因此，当二者发生冲突的时候，我选择舍弃钱。

　　我对恶劣人际关系的耐受度非常低，但对清苦生活的耐受度比较高。所以，我做出这样的选择，是对我而言利益最大化的选择。

　　这里的利益，当然不仅仅包括物质利益，还包括精神利益。

　　我觉得人活一辈子，精神利益是很重要的。

　　我跟那种"男人给买个名牌包就能哄好"的女人，是两个世界的人。惹毛了我，何止是名牌包，我连买得起很多很多包的男人都往外扔。

她们不理解我，觉得我看不开；我也不理解她们，觉得她们看不透。

在我，人生如寄，钱财到底都是身外之物，临死前你能记住的，也就是点儿回忆。钱很重要，但这辈子过得开不开心、活得舒不舒展，也很重要。

当然，这只是我个人的看法。现实生活中很多人因为种种原因，更看重伴侣提供的其他价值，这也是无可鄙薄的。

就拿"是否能接受老公出轨"这事来说，有的女人实施的是"一票否决制"，即，只要男人出轨了，她一定会离。

有的女人则选择包容，打出来的旗帜可能是"为了孩子"，但本质上，是因为她无法舍弃伴侣提供给她的其他价值，比如，财富、地位、资源甚至可能只是一套房子、一点儿家用。虽然这种包容，有时候未必能迎来好结果。没有人会因为你的大度而对你感恩戴德。"是非善恶"自在人心，一个事情做得对与否，大家心里是有数的。有时候，你不愿包容，反倒能获得尊重。相反，他可能真会看轻你。毕竟，谁知道你的大度包容，到底是为了他的人还是他的钱呢？大家不过是各取所需而已。

情绪价值和其他价值，向来是两种不同的价值。孰轻孰重，每个人心里都有一杆秤，你不能说"选了左边就是对的，选了右边就是错的"。

你觉得哪个选择对你更有利，对你而言那就是对的选择。

（二）

要不要离职，也是一样的。

我之前放弃的那份工作，可能是别人求之不得的。但是，在体制内工作了十几年，我在工作岗位上待得越来越难受，每天去上班的心情就像是去上刑场。

有一天，我发现自己变成了一个怨妇，发现琐碎无趣的工作扼杀了我所有的想象力、创造力和工作激情。

我不想持续这样的状态，就放弃了相对不低的薪水以及"再熬几年就可以出点儿头"的职业前景，选择了辞职创业，去承担不稳定，承担风险，承担劳心劳力，而且，甘之如饴。

我觉得，每个人一天只有二十四小时，其中至少有八小时要献给工作，这八小时你活得开不开心，还是蛮重要的。

一份坏工作就跟一份坏婚姻一样，如果单纯是为了经济利益而忍受、凑合，那它可能在不知不觉中"吃"掉你所有的激情、创造力以及重建另一种生活的可能性。

有的人看重情绪价值，所以愿意为此牺牲掉稳定、相对清闲和相对高的收入。有的人则相反。甘蔗没有两头甜，你总得要做一个取舍。

就拿我自己来说，我是一个非常看重情绪价值的人，俗称"受不住气"。但是，我的优点就是：比较吃得起苦。这世界上没有既不吃苦也不受气的工作，而我在吃苦和受气之间，选择了前者。

换言而之，根本没有更好的选择，我是拿一种"失去"去换取另一份"得到"。

很多人说自己有选择困难症，可我觉得，"不会选择"的本质是——不会放弃。

做选择其实很简单，看你当时的核心利益是什么，然后，专注于核心利益，放弃掉非核心的利益。

比如，你需要去一趟超市，但当天你的核心利益是"省时间"，那你最好的做法就是：拿起自己想采购的东西就走。

如果你的核心利益是省钱，那你可以精挑细选、货比三家。

人生中，很多事情根本不能两全，这时候就需要我们做出权衡和选择。

权衡和选择的智慧，其实就是放弃的智慧。

懂得了放弃，你就懂得了如何选择。

在到底要不要离婚、要不要离职的这个问题上，我觉得你听别人的经验、分析、教训等，根本没什么用。

最重要的，是要回到自己的内心，问问自己到底适合做什么、更看重什么、能做什么，然后做一个取舍。

人生任何一条路都不会一路坦途，这世界上任何一分钱都很难赚。认识到这一点之后，你再去选择让你最快乐、最甘心的那条路。那条路就是你的正途。

我身边真的有人辞掉体制内的高薪工作，开了一间小小的奶茶店的。开店之后，人家也没赚上大钱，但每天充实而快乐。她觉得这种选择值得。对她而言，这就是最好的选择。

也有很多人觉得自己现有的工作最适合自己的特性，愿意一直做到老的。还有一些人辞掉体制内的工作，到体制外却四处碰壁、一事无成的。

婚姻问题何尝不是如此？主要还是看你更看重什么。

我发现，很多人之所以站在十字路口纠结不已，是因为明明现实逼得他们只能选一条路走，可他们却什么都想要。可是，这怎么可能呢？连皇帝都没法得到自己想要的一切，都要做一些取舍，何况是普通人呢？

什么都想要的结果，可能最后就是什么都要不到。到了"鸡飞蛋打"的那天，你会更沮丧。

人生的答案从来不在别人那里，而是在你自己的心里、手里。

叩问自己，比找别人取经更有效。

遇到控制欲强的父母，怎么办

（一）

前段时间，我收到这样一条私信。

"我现在在外地，父母经常打电话来督促我在工作之余学习英语和主流行业知识。但我心理状态不是很好，想要有更多时间来学习心理知识及休息放松，而且未来我打算从事自己喜欢的工作，英语和行业知识对我而言无关紧要。然而，由于父母的不断打扰、施压，我很难使心理状态变得更好。

"我不知道该怎么办，如果我不接父母电话，我担心他们来我住的城市堵门，给我造成更大的麻烦。我已将我的需求和想法都和父母沟通过了，但他们听不懂，只是强迫我学习他们认为对的东西，不学习就一直在电话里说，除非我说我学，他们才会挂断电话。而且他们总是通过道德绑架的方式逼迫我节假日回家，可我一回家就得面对他们的打压，我不想回去。我该怎么办呢？"

有类似遭遇的，还有另外一个网友。

"羊羊，我昨晚、今早分别和我妈大吵一架。我今年都24岁了，刚来深圳还在找工作。昨晚我妈要和我视频，看到我没化妆又说我，还要求我今早化妆了拍照给她看，我当然不干，所以为这事昨晚和今早一直在吵。我妈的控制欲一直很强，但我也不愿意都听她的，所以我们经常会吵架。

"上一次比较典型的吵架是敬酒事件。过年很多亲戚一起吃饭，我本来也正常地在敬酒，我妈非要一直盯着我，在旁边指点该给谁敬，我瞬间就觉得丢人不想敬了，然后我妈更来劲了不停地唠叨，最后我们吵得很激烈。"

网友给我发这通私信时，给我展示了跟她妈妈的微信聊天记录。这位妈妈的经典句式是"我把你生养大，你就是这样对我的是吧""我要是出什么事，你后悔莫及"……

要我说，案例中的这些父母真的太不懂心理学了。父母的强迫，会严重破坏孩子的主观能动性，让孩子的"自我"受到挑战。孩子可能会产生这样的心理：我就是我，不是执行你意志的工具人、机器人。如何确保"我"的存在？你让我往东，我偏要往西，这样，我才能确保"我是我"。你越是控制，孩子的逆反心理就越重。

父母为什么要控制孩子呢？说到底是因为急功近利，没耐心。

任何事物的成长，都跟小树苗长成参天大树一样，需要一个过程。强行干涉、控制，就是揠苗助长、欲速则不达的行为。

一个人喜欢控制、干涉别人，真不一定是为了对方好，而只是为了缓解暂时得不到自己想要的结果的焦虑。

很遗憾的是，控制欲强的父母是永远都想不明白这种道理的。他们的逻辑已经僵化，只习惯于沉浸在"自我感动"的付出中，感知不到孩子的内心需求，而且，这辈子恐怕都无法改变了。

面对这样的父母，我们唯一能做的，就是：无惧冲突，捍卫好自己的边界。

（二）

长期以来，我们的社会一直在强调孝道，导致很多人根本不敢反抗自己的父母，俨然一反抗，自己就不孝了。

还有一些父母，特别善于威胁，儿女不听话，自己就去寻死……他们充分利用儿女的这些顾虑，把儿女控制得死死的。可是，作为儿女，面对这些情况，你真的没有办法吗？

父母能用孝道绑架到你，是因为你认可了他们对于孝道的定义。换而言之，你把"孝顺"的定义权交给了自己的父母。

原本，你是戒尺的主人，可现在你把戒尺交给了他们，任由他们按照自己的标准来惩戒你。一旦你把定义孝道的主动权交了出去，那么，父母说你不孝，那你就是不孝；父母说你孝，你就是孝。而你又着急做个"大孝子"，自然处处受掣肘。

再者，如果你的父母仅仅因为你不听他们的话，就要去寻死，那你仔细想想：这两件事之间，有因果联系吗？

"你不听话"，是你的事情；"父母寻死"，是他们自己的决定。这二者之间根本就没有因果联系。

每个人都要为自己的生命负责，把"寻死"的责任赖给你，这不是碰瓷吗？

为何你父母不会因为银行不给他们钱而在银行门口寻死？就是因为他们知道：寻死根本威胁不到银行。

他们非常清楚，威胁谁没用，威胁谁有用。因此，你只需要传达给他们"威胁我，没用"的态度，正常人都会有所收敛。

我也发现了一件奇怪的事情，那些长期生活在"控制狂父母"身边的人，很难去捍卫自己的界限，产生与父母反抗的力量。

长期以来，他们在父母的呵护和控制下成长，父母皱个眉头都让他们感到心虚、害怕。久而久之，他们已经形成了某种心理惯性和路径依赖。就像是沿着既定轨道走的火车，根本不敢脱轨，担心自己走上别的路途，就会翻车。

他们越是害怕这一点，父母也就越是能看穿并利用这一点。

就这样，他们一辈子都无力挣脱。

控制型人格的父母，最容易养出讨好型人格的孩子。孩子想要活出自我、摆脱控制，首先要做的，就是改变自己的讨好型人格。

改变讨好型人格的第一步，就是无惧冲突，甚至，迎接冲突。

活在这世界上，不怕得罪人、不怕被人讨厌，是成功者具有的品质之一。

以前，我多多少少有点儿"讨好型人格"。与人相处，老怕人家不高兴，会尽力照顾别人的感受。能忍一忍的事情，我绝对不会一戳就爆。往往我要爆发的时候，实在是"忍无可忍"了。

现在，我慢慢发现：其实，"讨好型人格"并没有给我带来多大的好处，反而给我平添了许多困扰，而直面冲突、不怕被讨厌，反而能树立我自己的边界，让我在面对外界时更果敢。

直面冲突，必须要经历一个血淋淋的撕裂过程。放在父母与儿女的关系中，也是一样的。

原本，控制型父母和讨好型孩子已经形成了共生关系，就像是你的肉上贴了一个创可贴，时间长了，创可贴已经长进了你的肉里。你要将其揭开，势必要经历一个很痛苦的过程，如果你怕痛，那么，创可贴会成为影响你身体健康的巨大隐患。如果你能忍着剧痛把它撕下来，让新的皮肤长出来，你才能获得新生。

（三）

我的原生家庭并不是很健康，我也有一个控制欲比较强的母亲，但我之所以能摆脱原生家庭对我的影响，活得比较自我，很大程度上是因为我的"自我"觉醒得比较早。

从 11 岁开始，我人生中所有的决定都是由我自己做主的，父母干涉不了我的任何决定，而我之所以能活成现在这样子，也跟我自己无惧冲突、敢于反抗有关系。

我和我爸妈之间存在着巨大的、不可逾越的代沟，对很多事物的看法截然不同甚至相反，但是，我通过不断反抗、回击，确立了自己的边界，而他们也愿意去尊重这个边界，那么，彼此和谐相处就不再是问题了。

鉴于此，对于那些与父母关系不大好的人，我有这样一个建议：跟任何人相处，都不要惧怕冲突。有时候，冲突是确立彼此的原则、底线、疆界的方式。确立好了彼此的边界，你们才有和谐相处的可能。

持不同价值观的人，若是确立好了各自的边界，其实是可以相安无事的。

这种边界意识，不惧怕冲突、不惧怕被人讨厌的精神，应用到其他人际关系上，也能给我们带来益处。

连父母都不敢反抗的人，在社会上，在职场中，大概率上也要吃大亏的。

举个简单的例子：职场中给人"穿小鞋"的现象还挺多的。

所谓"穿小鞋"，说白了就是"区别对待"：别人能办成的事，轮到你去办，就各种卡你。擅长给人穿小鞋的人，总能把各种政策、规定吃得透透的，你几乎找不到人家的违规之处，但你还是处处感觉到自己被刁难、被打压、被欺辱。

有些事情，可以办，也可以不办。轮到你，就是不给你办。这类人奉行的原则就是"顺我者昌，逆我者亡"，偏生他们拥有非常大的自由裁量权。

怎么办？忍气吞声吗？不！这根本不是解决问题的办法。

你要通过某种方式找到制衡他们的方法，让他们知道"你不是好惹的""兔子急了还会咬人"，否则，你只会被人踩进淤泥里。

一个人把你踩进去，旁人看到没代价，也会跟着踩。

你能忍到何时呢？

（四）

知名作家黄佟佟曾寄过一本她写的书给我，书里有这样一句话："无论置于何种境地，哪怕是密林与废墟，也要平静地站起来，把下巴高高地翘起——是的，我将亲手为自己建造一座宫殿。无论多难，我必亲手重建我的生活。"

对于很多原生家庭不大好的人来说，我觉得这种"重建"是一个必经的过程。重建不是简单地修修补补，而是需要你亲手砸毁过去的一切，再在废墟上建起专属你自己的宫殿。

这真的是很需要勇气和力量的。

我们都说"不破不立"，但我发现很多人缺乏的，正是"破"的勇气。

他们贪恋父母给自己修建的那套茅草屋，想到自己要把它拆除重建，需要花费极大的勇气和力量，就又退回到了茅草屋里去，抱出茅草来修补被风吹走了一半的屋顶。

重建新屋，对他们来说太难了，这意味着在一段时间内他们会没有房子住，没有"将就着用"的避风港。

很多人不停埋怨父母控制欲强、在成长过程中给自己带来了莫大的伤害，却在"重建自己的生活"上行动疲软。你与其说他们命不好，不如说他们是缺乏改变自己的勇气和力量。

以上这些逻辑，应用在婚姻、职场等领域也是一样的。

我还是那句话：你不舍得对自己狠，别人就会对你狠。与其等着将来别人对你狠，还不如先自我革命，先对自己狠，再享受"别人不敢对你狠"的甜头吧。

要适当温柔，也要适当泼辣

（一）

看电影《你好，之华》，总是为之南的遭遇痛心不已。

之南和之华是姐妹。之南是姐姐，她柔弱、漂亮，给人以"遗世而独立"之感。如果用一种花来做个比喻，那她便是高洁的百合。之华是妹妹，她平凡、活泼，像邻家小妹，气质像蔷薇。

上学的时候，姐姐之南跟尹川谈恋爱，但后来却跟张超结了婚。张超出身低微、没什么学历，他想通过追求之南，证明自己可以打败天之骄子尹川，娶到全校最漂亮的女人。

之南嫁给张超后就进入地狱模式，人生急转直下。她时常被家暴，过得无比压抑，后来终于无法承受生命之重而选择自杀。张超在电影里说了一句台词（大意）：每次看到她（之南）和孩子的眼睛，就觉得自己是个人渣。

这句台词，或许有助于我们理解之华与张超之间的关系。

之南，代表纯洁、高贵、善良、美好、易碎，像一尊玉像。张超在这样一个人面前，就显得更加的粗鄙、卑贱、邪性、浑浊，像一个已被摔碎的破罐，除了"破罐子破摔"再找不到存在感。

之南越是高贵，就显得他越低贱。这种高贵，触犯到了他，也让他对自我更感愤怒和失望，所以，他打她，潜意识里希望她消失。如果她消失不了，他就自己带着愧疚感消失。

这种心理，其实是非常容易理解的。

安托万·德·圣－埃克苏佩里在《小王子》这个童话故事中，曾写过一个酒鬼的心理。小王子经过酒鬼的星球，与酒鬼有过这样一番对话。

"你在干什么？"小王子问酒鬼，这个酒鬼默默地坐在那里，面前有一堆酒瓶子，有的装着酒，有的是空的。

"我喝酒。"他阴沉忧郁地回答。

"你为什么喝酒？"小王子问。

"为了忘却。"酒鬼回答。

小王子已经有些可怜酒鬼了。他问道："忘却什么呢？"

酒鬼垂下脑袋坦白道："为了忘却我的羞愧。"

"你羞愧什么呢？"小王子很想救助他。

"我羞愧我喝酒。"酒鬼说完以后就再也不开口了。

"你的存在，让我觉得自己像个人渣。"我无法处理这种愧疚，只好通过打人来发泄，潜意识里甚至希望你消失，以摆脱我的愧疚感。因为打了你，我更感愧疚，更觉得自己是个人渣，更需要发泄，更希望你消失……

《金粉世家》里，金燕西对冷清秋的始乱终弃，说不定也有这样的成分存在。

金燕西骨子里是有纨绔子弟的那些习性在的，这一点白秀珠看得十分明白。当金家遭受"家道中落"，他的劣根性就藏不住了，而冷清秋自始至终活得非常清洌、高洁，这让他倍感压力。他不是不了解冷清秋的为人，但他就是愿意去"误会"她，大抵也是因为潜意识里，他希望能从她身上找出什么"错处"以及和自己一样劣质的品行，这样他就觉得自己配得起她了。他无法面对因为自己的变节带来的羞愧感，于是，用"一错再错"的方式逃避这种羞愧感。

我们在这里不是为了给渣男辩解，而只是探究一种"我对你越愧疚，就越想伤害你"的心理惯性。

很多时候，我们就是童话《小王子》里的那个酒鬼。

自己做了一件见不得人的坏事之后，潜意识里觉得这事自己是做错了，内心里觉得万分羞愧。为摆脱这种羞愧感，我们会再犯更严重的错误，以逃避这种羞愧感，然后陷入更羞愧的境地。

如此再三，恶性循环。

这就不难理解，为什么有人入室盗窃被发现之后，选择了杀人灭口。本来，盗窃可能只会被判刑几年，可杀了人可能就会被判死刑了。

为什么人们总倾向于把垃圾堆在清洁工不易清扫的地方。潜意识里，人们觉得自己随手乱丢垃圾的行为是不文明的，为了逃避这种道德谴责，很多人选择了制造更严重的不文明：把垃圾丢到犄角旮旯里。

本来，清洁工只需要弯腰低头就能把你随手乱扔的垃圾清扫掉，可你这么一掩饰，清洁工需要付出十倍的艰辛。

很多时候，这类人只能以制造更大的恶的方式，来掩盖前一种恶，接着陷入罪恶的深渊，无法自拔。

如果一个人有愧疚感却又缺乏足够的自控力，让自己走出"越愧疚越犯错"的魔咒，那么他很有可能会一直"破罐子破摔"下去。

很多人之所以酗酒、家暴、出轨、赌博上瘾，不一定是禁不住诱惑，还有可能是受愧疚感的役使，最后"破罐子破摔"。

（二）

"越愧疚就越犯错"的心理魔咒，或许可以给我们带来这样一种启发：如果那个人第一次伤害你，你就要明确告诉他你的底线在哪儿，让他也感受到疼痛。这样，你的自卫反击行为，也有助于对方消除对你的愧疚感。

当对方开始伤害你，你永远不要试图当"包子"或"圣母"。

为什么？

对方若没良心，会觉得你好欺负，然后得寸进尺。如果我们生气时用石头砸烂别人的车玻璃却不受任何惩罚，我们下次一定还想砸、还会砸。

每个人都有潜在的破坏欲，并且能在破坏中获得快感。你选择当委曲求全的"包子"，就传递给他人这样一个信号：我允许甚至鼓励你伤害我。

对方若有良心，会因为无法安放自己的愧疚，而变本加厉地伤害你。你的大度和宽容，会让对方更觉得自己像个人渣，他无法接受自己是个人渣的现实，就只想让你消失。

在农村，第一次遭受家暴就敢给男人一个下马威的农村妇女，之后再遭受家暴的可能性反而会降低。哪些女人更容易被家暴者打伤呢？性格特别懦弱，被家暴以后不敢反抗，甚至连哭都不敢大声。还有，活得特别"端着"的，不屑于用泼妇手段解决问题的。

父权社会延续了几千年，男人懂得尊重女人的历史太短。若是遇不到懂得尊重你的男人，你必须要拿出"泼辣精神"来保护好自己。

有句话说，过洁世同嫌。

活得太过高洁有时候不是一件好事，因为你的高洁像一面镜子，很容易照出别人的猥琐。没有人愿意直视自己的猥琐，有时候人渣也需要台阶下。

女人的高洁，若没有足够坚强的内核做支撑，便像一朵白莲花一般，不堪一折。适当的时候，女人还是得活得泼辣、接地气一点儿。你自有一股原始的生命力，彪悍，野性，豁得出去，也弯得下腰，活得瓷实，却也不好惹。

拿出"你敢动我一根汗毛，我让你吃不完兜着走"的架势，拿出"老娘根本不怕被泥巴脏了裙子"的烟火气和韧劲儿来，或许，我们才能把日子过得热气腾腾、活色生香。

挺住意味着一切

一个生活中跟我打过很多次交道的前辈给我做出了这样一番评价："生活，工作，心态，为人，都相当不错，还坚强地支撑一个上老下小的家，真的很棒！只是你自己不知道自己有多棒！"

我回复她："坚强"这个词，听起来好心酸呢。

在我的观念里，所谓"坚强"不是说你遇到和解决了多少困难，而是遇到这些困难的时候，有多少是你自己一个人面对和解决的。

而每个被称为坚强的姑娘，一定经历过很多特别难扛过去的事，但她都咬牙扛过去了。你现在看到的她的坚强、独立、果敢、满不在乎，都是过去无数个黑夜用痛苦和眼泪熬出来的。

如今，也有一些小姑娘总喜欢跟我说："羊羊姐，我真的好佩服你啊。先是从那么穷困、糟糕的原生家庭中走出来，后来又经历了婚变，接着辞职创业，太了不起了。"

我只能哈哈一笑，回答他们："那是因为你不知道我深夜痛哭过多少回啊，我根本没有你们想的那般坚强、能干、厉害。"

从原生家庭中突围的那些破事，我们暂且不表。就只说离婚后的自我疗愈，我也是经历了一个漫长的蜕皮过程的。

从等到"另外一只靴子"落地到离成婚，只用了三天，其中两天还是周末，于是，总有网友对我表示佩服，赞我丢弃僵死的婚姻干脆狠绝，赞我离婚后坚强、独立、能扛事。

说真的，我不能因为自己现在已经云淡风轻了，就装"大尾巴狼"，就大言不惭地将这一切归因于我"不是一般人"。

人都是旁观别人时才显得特高明，真轮到自己了，才会发觉自己其实没多少过人之处的。

遇到事的时候，我内心里该有的恐惧、忧虑、困惑一点儿都不比你少。坦白讲，刚离婚那会儿的我，活得一点儿都不潇洒，甚至可以说是狼狈至极。

形式上离开一个人很容易，但感情上却很难。这一点，所有经历过失恋、离婚以及失去过亲人的人，应该都感同身受。

人世间几乎所有的分离，都像是做了一次或大或小的手术，离婚也一样——除非你不曾付出过真心。

手术过后，麻药劲儿没过，你是感觉不到疼痛的；但过了一段时间，伤口的疼痛会全面袭来，让你无从逃脱。你开始意识到，与子偕老成了泡影，曾经的枕边人而今已成陌路。

每天晚上一个人躺在空落落的床上，眼泪就扑簌簌地往下落，你会彻底否定自己甚至怀疑整个人生，甚至一度怀疑自己可能再也过不去这道坎儿了。

那会儿，我在我爸妈和孩子面前装得若无其事，可午夜梦回时经常一个人抱着枕头痛哭。

眼泪从一只眼眶流出来，经过鼻梁流进另一只眼眶，我就侧过身体，让它换个方向流。

枕头正面哭湿了，就把枕头翻过来睡。每三个月，我都得扔掉一个枕头。没办法，不扔会发霉。

哭起来的时候，心是抽着疼的。

我时常感觉自己像是被扔到了一个深深的、黑暗的枯井里，井底离井口很远，井壁太光滑，根本攀爬不上去。

世界很大，但它在井口上面，井底里永远只有我一个人，我只能靠自己一个人的力量挨过那些黑暗。

有几次哭，如果碰巧孩子睡在旁边，我就凑到她身边，闻闻她身上的奶香味，心里会感觉稍微好了一些。

起初，我两天一哭；后来，一周一哭；再后来，一月一哭；再再后来，两月一哭；然后，半年一哭……到后来，就完全没事了。

如今，我讲起这些，却像是在讲另外一个人的故事。而那个沉浸在痛苦之中不知何去何从的人，似乎并不是我。

时间是多么强大的东西，它能化腐朽为神奇。

有一些刚刚离婚的朋友问我："怎么样才能快速疗愈自己？"坦白讲，我觉得这事是没有捷径可走的。你只能一分一秒地挨过去。

运动、旅游、育儿、赚钱、找心理咨询师等转移注意力的方式，并不能完全解决你的问题。闲下来的时候，那些负面情绪总会乘虚而入，逃避没用，你还是要面对它，和它相处。

但是，我们该庆幸，离婚就像割除了长在身体里的一个恶性肿瘤。如果不割除，它有可能会毁了你的灵魂与人生，甚至能要了你的命。痛是正常的，但再痛你也不可能蠢到要把切出来的肿瘤给重新放回去。

而我能给你的唯一的建议就是：伤口不是拉链，不可能快速缝合和复原。痛苦来袭的时候，像忍耐手术后的伤口疼一样忍着吧，咬着牙挨过去，时间长了就好了。

痛苦像海浪，一波海浪来了，它会把你淹没，你只能忍着，再静静等待下一波。就这样，痛苦再来一次，你就接纳它一次，大不了痛哭一场。

痛苦当然会反复，但它出现的频率和程度会越来越低，到后来你会发现，你已经能越来越轻松地应付它了。

直到有一天，你都不记得它上一次来拜访你到底是什么时候，那么，你基本已经算是疗愈了。

这世界上是没有速成药的。人生所有的痛苦（不仅仅指被背叛、离婚，还可以包括失业、父母去世、丧子等），都得靠我们自己一点点挨过去。

面对痛苦，根本没有天生坚强的、能扛事的人。有些人遇事之后表现淡然，是因为他们把痛苦的时间提前了，真到了那个"节点"时已经麻木了。

（二）

现在，原生家庭的伤啊，离婚啊，对我而言早就不是事了，但是，我时不时也会有比较崩溃的时刻。

如你所知，从小到大，我这一路几乎指望不上任何人。我今天所拥有的一切，一砖一瓦，一针一线，都是我自己一个人挣来的。我就是全家人的退路和避风港，但是，没有人做我的避风港。

自始至终，我都是一个人端着冲锋枪战斗在最前线，身后甚少助力。战斗累了的时候，茫然四顾，身边一个可依靠的人都没有，我只能强打着精神再站起来……那种感觉其实也挺难受的。

人都是需要有情感支持的，每个人心里可能都会住着一个脆弱的小孩，我也有想扑到谁的肩头大哭一场的时候，可暂时没有这个肩头的时候，我就只能抱着自己大哭一场。

我想说的是，那种孤立无援的感觉，有时候跟你单身或已婚没什么关系。

即使你身处一段幸福的婚姻中，有的时候可能也会觉得伴侣不理解你、没法支持你，你依然会有"觉得全世界只剩下自己一个人"的无助时刻。

倘若你遇上的是一个糟糕的伴侣，这种时候人家可能还会插你两刀，那你更是气哭。

也就是说，有些苦是生而为人都可能会经历的苦，是个人都可能会有这样的时刻。

某天，从办公室加班回来，天色已经有点儿晚，我的长裙被绞进共享单车轮子里去了，我只好在大街上停下来，狼狈不堪地后退几步，把被绞烂了的长裙一点点扯了出来……

那一整天，我的心情本就不大美妙，还在办公室掉了几颗"猫泪"。

裙子被单车绞进去的那一瞬间，我心情更是糟透了。情绪量变引起质变，我心想：都一大把年纪了，我还要过这种狼狈的日子，现在就连单车都要欺负我……想着想着我眼泪就要掉下来。

可后来我觉得，自己早就不是小姑娘了，就我这种长得很"大只"的中年妇女，推着个买菜单车在大街上抹眼泪，看起来终究是不大体面的。

再一想到前夫可能很快就送孩子回来，他会开车经过这条路，可我不想让孩子看到我在大街上哭鼻子，而且我宁肯活得被前夫嫉妒也不愿被他同情，就硬生生把眼泪给憋了回去。

我在微信上跟朋友倾诉了一句："我刚刚哭了一场，好爽！"

朋友回复我：今天是我爸爸生日，但是我再也没机会祝他"生日快乐"了。

那一瞬间，我突然为自己的矫情感到有点儿害臊。

众生皆苦。每个人都有每个人的不如意，每个人的人生都没办法圆满。而我们大多数人，只能靠着命运给你的那点儿甜头，扬扬脖子死撑下去。

就这样，还没回到小区门口，我的情绪已经完全好转了，不知道自己刚才在矫情什么。

再一想，我有房有车有公司，手头不宽裕但也不紧张，现在从事的是自己热爱的工作，去公司上班骑单车就能到，节假日去加班是我内心的需求，根本没人逼我……现实生活中，几个人能有我这待遇？

骑单车也不是混得可怜兮兮的表现，我的车一直安静地停在车库里供着，是我自己懒得开。穿长裙本就不该骑单车，因为会有安全隐患。以前我意识到了，但总觉得这事不会发生在我身上。这回只是绞坏裙子出了个糗，没出什么安全事故，就是老天提前给我发出了安全预警，让我有机会改正。

我哪有过得很惨呢？虽说这一路走来不是特别幸运，但每一次当我意识到周遭的环境（比如，贫困的原生家庭、离掉的那段婚姻、辞掉的那份体制内的工作）对我形成巨大的心理消耗，我就有勇气、底气和运气远离它们，这何尝不是命运给我的优待？

多少人还在我已经脱离了很久的恶劣环境中挣扎，根本不知何该去何从呢，而我至少已经逃离了。

活到这个年纪，我真的觉得：命运就像一面镜子一样。你产生了心魔，觉得它在故意刁难你，那它真的可能会整惨你。你若是能换个角度去看它，善意解读它的种种表现，它可能会厚待你。

不要对抗它，要和它和谐相处。

比如说，如果它不给你 A，但是愿意给你 B，那你就不能老埋怨它为何给别人很多 A 却一个 A 都不肯给你。麻溜儿站起来，拿出你的盆子，去接它给你的很多 B，何尝不是另一种幸福？

有时候，我们会为一些事悲伤，倒不是那些事对我们的生活造成多大的影响，而是我们放大了自己的缺失、焦虑和恐惧。其实，你只要尝试着把自己放大，它们就自动变小了。

虽然我也并不能时时做到淡定，虽然我偶尔也会有崩溃的时刻，但大多数时候，我很满意现在这样的状态。

每个人都会有丧气的时刻，但我希望你也能和我一样，不断给自己积极的心理暗示：你很好，特别好，并且以后会更好。远离所有让你感觉到自己不好的人和事，沿着自己认为对的路坚定地走下去。你要相信，自己配得上更好的，你终会成长为一个让你自己无限满意的自己。

遇到事了，真的不要着急。

挺住意味着一切。

连我这样懦弱的人都可以那么快蹚过那条渡河，我相信你也可以的。

CHAPTER 03

理性

之

婚恋篇

舍本逐末，
是幸福路上的拦路虎

（一）

很多平日里看起来还很和谐的家庭，一到了过年前夕就会被"去谁老家过年"这事搞得乌烟瘴气。小晶和丈夫就是这样的一对。

两人是大学同班同学，毕业后都选择留在大学所在的城市工作，按部就班地上班、下班，顺理成章地结婚生子。

每年，小晶都跟着丈夫回东北老家过年，可她这个南方姑娘去到东北特别不适应。一出屋外，气温很低，冷得人直打哆嗦；一进屋，屋内有暖气，又热得大汗直流。这种冷热交替，常常把她弄感冒。

婆家的饭她也吃不习惯，东北菜对她来说实在有些重口味，但她又不好意思让所有人都将就自己的口味。最烦人的是，回到老家后，丈夫忽然变得比较大男子主义，处处显摆自己作为"老爷们儿"的架子，婆家人时不时也会对她横挑鼻子竖挑眼，这让她感到很难受。

她忍了好几年，终于不想再忍了，就跟丈夫说："我已经跟你回家过了好几次年了，你能不能跟我回老家过一次年？"

听到她的提议，丈夫怎么也不肯，回复她说："你是媳妇，说破天去都要去婆家过年，不然让老家人知道了成何体统。你先回家跟我过年，就当去演一场戏，回来我怎么补偿你都行。"

小晶不同意，丈夫干脆提议过年各回各家。可是，这下又换小晶犹豫了。如果自己一个人回老家过年，老家人肯定会揣测她已经离婚了，很多人会戳父母的脊梁骨。

没办法，她只能选择再将就一年，并要求老公对自己做出经济补偿。双方算是暂时达成和解，但不管是小晶还是她丈夫，心里都是憋着一股子气的。

我另外一个朋友明姐，也遇到了这个问题。为了去谁家过年的问题，她跟丈夫几年来有过无数次的争吵。她也想过接双方父母到城市里来过年，但家里住不下那么多人。让哪边的老人去住宾馆，这碗水都端不平，可能还会引起争端。

夫妻俩谁都无法说服对方，最终搞得不欢而散。

去谁家里过年？这似乎都变成了主权问题。谁在家里地位高、话语权足，谁就说了算。可是，在我看来，能为这个问题吵得不可开交，说明这样的婚姻本身就是存在问题的。

对于"过年到底是去哪里过"这个问题，很多男人会说："这有商量的余地吗？媳妇当然是去婆家过年。"

这样的言论大有市场，是因为传统和习俗都是如此。嫁出去的女儿就是泼出去的水，娶进来的媳妇就是家里的劳动力。你都已经是别人家的人了，还好意思连过年都要回娘家？

我有个朋友结婚后，和丈夫住在自己婚前买的房子里，公公要求她和丈夫每周末都要回公婆家住，她有时忙于工作或聚会不常去，竟引起公婆的很大积怨。每年过年，公婆也期望她去公婆家过年，某个春节她想出去旅游，也引起了公婆的不满。

就这样，双方的矛盾越积越深。她嫌公婆凡事管得太宽，公婆嫌她不是个好媳妇，双方最终引发剧烈争吵。与此同时，她跟丈夫的感情也出现了很大的裂痕，最后，这段婚姻以离婚收场。

这个朋友的经历，让我产生一个疑问：为什么中国人对形式上的团聚，具有如此深重的执念？为什么大家一定要捆绑在一起才觉得满足和幸福，却忘记了去尊重个体的意愿和自由？

这一点，相信很多人到春节时会感受得特别深刻。

有的人不喜欢春节，倒不是春节本身令人讨厌，而是那种强行团聚、客套、寒暄、制造快乐的氛围让人心生不适。过个节，搞得像是打麻将一样，似乎缺了谁都不行，缺了谁来年就没有好彩头，于是，形式上的团聚倒是有了，但人与人之间却离心离德。

（二）

能让家庭成员"离心"的事，还有孩子的姓氏问题。

我这个人没多少宗族和姓氏的观念，所以对我自己的姓氏、孩子的姓氏问题毫不在意。我觉得姓名，不管是姓还是名，都只是一个"代称"而已。比这个更有意义、更值得关注的，是"我们到底是怎样一个人"。

然而，现实生活中有不少夫妻会因为孩子的姓氏问题吵得不可开交甚至闹到要离婚的地步。

我身边就有这样一对夫妻。男方父母和女方父母对于小夫妻孩子的姓氏问题非常看重。孩子出生后，女方明确表示不会再生二胎，就想让孩子跟着自己姓。男方父母当然不同意，给儿子施压。就这样，这个家庭的矛盾日益增多。两方父母为此事激烈争吵的过程中，小夫妻俩的关系逐渐恶化，最终两人还是解除了婚姻关系，孩子归了女方，但孩子的姓氏问题依然没有得到妥善解决。

男方和女方其实一开始感情挺好，两个人结婚后几乎没为其他问题闹过矛盾，结果，因为孩子的姓氏问题，双方竟闹到了离婚。现在，双方都已经离婚了，还在为孩子的姓氏问题打官司，孩子依然不得安宁。

我有个朋友是独生女。从她谈恋爱开始，她爸妈只要一知道她的男朋友跟她不同姓，就陷入严重的焦虑。他们每天不停地给她施压，问她将来两人要是生孩子了，孩子到底跟谁姓，几乎是"每日一问"。

这个朋友是乖乖女，很在乎父母的意见。跟男朋友分手后，她只敢在与自己同姓的男性中找对象。偏偏她那个姓又比较独特，不像"赵钱孙李周吴郑王"这么好找，这使得她的择偶范围非常窄。好不容易找到一个跟自己同姓的人，双方也看对眼了，顺利结婚生子了，孩子的姓氏也搞定了，她爸妈又因为孙子应该叫自己"爷爷奶奶"还是"外公外婆"跟亲家闹了起来，两家人闹得不可开交。不知道的，还以为在争皇位呢。

我当时就感慨："孩子姓什么，当真有那么重要吗？这些人把感情、孩子放到哪儿去了？"

我当然明白：看起来，这是一场关于姓氏的战争，实际上是关于话语权、家庭权力的战争。

男女双方及其父母，真正想要的不是家庭幸福，不是孩子健康成长，而是"我说了算"的权力。如果双方都是这种心态，那么他们即使不会因为孩子的姓氏问题闹不和，也会因为其他问题离心。

中国传统文化看重家族、宗族，大家族、大家庭的观念特别浓厚，而小家庭的观念非常淡薄。很多人之所以重男轻女，无非就是一个姓氏和财产问题。生男孩，人们认为自己的姓氏、财产都能得到继承，而生了女儿，女儿将来就是"泼出去的水"，连人都是人家的，姓氏、财产就更不必说了。男孩代表家族的香火，代表可以为家族传宗接代，而女孩则是别人家传宗接代的工具。也正因为这样，中国人才崇尚"行不更名，坐不改姓"，否则就是数典忘祖，对不起列祖列宗。

在中国文化里，历史渊源是要牢记的，家族利益、姓氏等东西是要拼死维护的，而"自我"和"自我的感受"经常是被淹没的。

现代社会，法律规定男女平等，孩子可以随父姓，也可以随母姓，但现实生活中，绝大多数孩子还是随父姓，其实还是根深蒂固的父权观念使然，到后来已经形成了一种约定俗成的规则。

当"孩子跟谁姓"成为一种公共议题的时候，我的主张是：可以随父姓，也可以随母姓。任何女性都不应该在主张孩子随自己姓时，被粗暴地呵斥"你没资格"。但是，落实到个案上的时候，我觉得冠姓权这事还是属于私事。如果你觉得这个问题非常重要，那就在婚前就谈好，婚后大家按契约做事即可。为孩子"随谁姓"的问题吵到离婚、闹到打官司，在我看来当真毫无必要。

封建社会，人们争取冠姓权，是因为姓什么、不姓什么的背后，利益差别巨大（比如继承权）。换而言之，姓氏权本身是没有任何意义的，是社会运行法则赋予了它意义。

你与其争取明面上的冠姓权，不如去反抗它背后的潜在运行规则。如果有一天我们都是因为"自己是谁"而得到什么，不是因为自己"姓什么"而得到什么，谁还在乎自己姓什么呢？

从这个意义上来讲，我觉得打继承权官司比打冠姓权官司要有意义多了。

如果你争取的只是一个冠姓权，说明你骨子里认为"按照姓氏来分配利益"的这个运行法则是对的，可我们真正的反抗是按姓氏来分配利益的这套制度。我们应该要能通过"姓氏"这个属性，看到"个体"本身。

绝大多数孩子，都不会希望父母因为自己的姓氏问题闹到离婚。姓名对大部分孩子来说可能真的只是一个代号，不管他随谁姓，他都是父母的孩子。

我也有见过非常民主、佛系的孩子父母，双方通过抓阄的方式确定孩子的姓氏，然后兴致勃勃地跑去给孩子上户口。

还有一个男性朋友姓朱，他觉得自己的姓氏不大好听，跟"猪"同音，索性让孩子随母姓"艾"。他的想法很简单："艾"字笔画更少，孩子写起来更容易，又好听。孩子姓了"艾"，并不意味着就不是自己的孩子了。

（三）

李安导演的电影《饮食男女》里，讲述的是失去味觉的厨师老朱（单亲爸爸）和三个女儿的故事。他每周都会做好美味佳肴，让三个女儿回家吃饭。尽管老朱每周做出堪称豪华的盛宴，但三个女儿还是各有心事，各有各的烦恼，很少跟家人交流。

老朱经常帮邻居小女孩姗姗做午餐盒饭，并和姗姗的妈妈锦荣产生了感情。姗姗的外婆梁伯母从美国回来，认为自己跟老朱很适合，所以每次来老朱家里都以女主人自居。

老朱一直压抑着自己的感情，最后在一次家庭宴会上，忍不住说出了心里话，让梁伯母把女儿锦荣嫁给自己。梁伯母登时气得昏倒，全家一阵大乱，晚宴匆忙结束。

二女儿家倩放弃了出国的机会留了下来，并召集家庭聚会，但只有老朱有空来。老朱也在尝完女儿做的菜肴后，恢复了味觉。

老朱的味觉从失去到恢复，具有很强的隐喻：过去，老朱把所有的精力都放到女儿们身上，用尽全力给她们烧菜做饭，但那些家宴对于家人们而言却更像是一场例行公事。后来，大家四散天涯，都不住在一起了，却能以各自认为幸福的方式生活着。虽然形式上一家人不能常常团聚在一起了，但每个人内心都过得更自由，家人之间也更相亲相爱了。这时候，老朱的味觉也恢复了。

形式上的团聚并不重要。每个家庭成员都过得自由幸福，才是一家人相亲相爱的基础，才是高质量的"团圆"。

电影里，有这样一段经典台词：

其实一家人，住在一个屋檐下，照样可以各过各的日子，可是从心里产生的那种顾忌，才是一个家之所以为家的意义……我这一辈子怎么做，也不能像做菜一样，把所有的材料都集中起来才下锅。

什么是顾忌？就是你担心这个家会散了，所以不愿意做任何伤害它的事。

电影中的老朱和三个女儿，一开始追求的是"形式上的团圆"，担心自己的缺席会让亲人伤心，但每个人都活得闷闷不乐。后来，他们找到了相亲相爱的真实意义：形式上是团聚还是分散并不重要，不管住在哪里都互相牵挂着，才是"家之所以为家"的意义。

老朱和他的女儿们，最终都选择了一条这样的路：不拿形式化的东西去绑架家人，也不拿外在的条条框框束缚自己。

我一直觉得，去娘家还是去婆家过年、孩子到底应该随谁姓，不应该成为真正相爱的夫妻之间的大问题。为一些形式化的问题搞得家庭鸡飞狗跳，实在没什么意思。

"去谁的老家过年"以及"孩子到底随谁姓"等问题，折射的是一个家庭是否开明、民主、平等、包容、自主等问题。

如果家庭成员够开明、包容，就不会认为"去谁的老家过年""孩子随哪一方姓"是原则性的大问题。如果夫妻双方地位够平等、家庭决策机制够民主，大可轮流来或是直接扔硬币决定。如果小夫妻够独立、够自主，那么，这事就是小夫妻自己的事，他们不管做什么决定都能排除双方父母的干扰。

很多人特别擅长亲情绑架，却常常搞不清楚亲情的内核到底是什么。比起各怀心事、各有芥蒂的家人坐到一张桌子上吃团圆饭，一家人相亲相爱、互相理解、彼此成全才是真正的团聚。团聚的快乐，不是体现在怎么凑齐家人把那一桌子的菜吃完，而在于一家人坐在一起吃饭的氛围是否和美。

换而言之，菜本身并不重要，"家的味道"才重要。同样的，"孩子随谁姓"真没我们想象中的那么重要，让孩子在怎样的家庭氛围中长大、把孩子培养成一个怎样的人，比他"姓甚名谁"更重要。

唯愿我们都能成为有爱之人、会爱之人、善爱之人，努力经营好我们的家庭，让它成为真正能给我们力量和温暖的港湾。

多少感情，毁于"口是心非"

（一）

曾经，一个朋友找我咨询她的婚姻问题。

她和他的婚姻，濒临破碎，造成这一切的原因有许多，但我听她一路讲下来，觉得他们俩存在一个非常大的问题：沟通时"口是心非"。

两个人的婚姻，持续了将近二十年。在爱得浓烈的日子里，两人都曾在那段感情中感受过强烈的甜蜜和幸福。

刚开始的几年，他们是合拍的，也觉得彼此是合适的，但是，看一段感情是否能走得长远，不仅仅要看两个人合拍时是如何相处的，还要看遇到问题时两人是如何沟通和化解的。

过日子不像过家家，生活中充斥着各种鸡毛蒜皮。若意见一致时，那些鸡毛蒜皮最终都会被清扫进垃圾桶，家里又恢复干净整洁的状态；若意见不一致时，家里随时可能会鸡飞狗跳，这就得看双方是不是具备化解矛盾的智慧了。

这位朋友找到我时，已经跟丈夫分居一年多了。

我问她："当初是什么原因导致你们分居了？"

她说："没有发生任何狗血的事情。没有出轨、没有家暴、没有婆媳矛盾和岳婿矛盾，我和对方品行端正，无不良嗜好，都不好吃懒做。"

再一问，两人分居的原因，是因为一些鸡毛蒜皮的事发生了分歧，接着开始惯性冷战。

在面对亟待解决的问题时，两人的处理方式惊人地一致：冷战，要对方先承认错误，先给自己台阶下。

两个人都这么想的结果，就是谁都不愿意向对方低头。

有时候，其中一个人态度稍微软化一点儿，想向对方传达和好之意，但往往因为沟通不够到位，在对方眼里显得很没诚意。主动示好这一方，看到对方冷若冰霜的态度，也就退避三舍了。

就这样，冷战、彼此试探、互相置气、沟通时口是心非，生怕对方占了上风，打压自己的气焰，便成为他们遇到问题时的应对方式。

积水成渊，聚沙成塔。随着因鸡毛蒜皮的琐事产生的矛盾越来越多，原本健康的婚姻肌体，慢慢长出了"结石"。面对那些坚硬的、病变的、会威胁到婚姻健康的"结石"，两个人都没有积极地化解，终至这场婚姻闹到不可收拾的地步。有一天，他们发现，再也不想找彼此沟通，感情破裂似乎已成必然。

（二）

电影《前任3》，讲的就是一个关于"口是心非毁掉感情"的故事。

女主角林佳提出分手的时候，也懊恼不已。那一天，她来回进出卧室，收拾自己的衣物。在她看来，她故意在男主角孟云面前晃来晃去，就是在给孟云找台阶下，但孟云觉得她发出来的这个信号，是她坚持要走。

孟云蹲厕所，恰巧没纸了，当时林佳正在房间里收拾东西，但他觉得此时自己若是开口了，便是在认错，会让林佳更加"蹬鼻子上脸"，愣是没开口，最后用了厕纸筒上黏着的最后一点儿纸解决了问题。

分开之后，林佳和孟云都假装自己离开对方会过得很好。孟云去相亲，去酒吧，看起来过得很好。林佳去旅游，在朋友圈里展示"没你，我照样岁月静好"。

两个人都很骄傲，也都认准了对方深爱着自己，还会再回来，但是谁也不肯先放下姿态、走下台阶。

对于林佳来说，跟孟云在一起那么多年，他从来没说过要娶自己，想必不愿意跟她走下去。对孟云来说，五年来的每一次吵架都是他先低头说对不起，这一次，他不想先认错了。

随着时间的流逝，林佳和孟云谁都没想到，对方的身边会出现新人。新人的出现，让这对旧偶对彼此的误会更深。两个人传达给对方的信息都是：我不爱你了，要跟别人开始新生活了。

两个原本相爱的人，只因为没有人愿意先低头而分手，五年的感情走向尽头，可笑的是，他们俩都不记得当初到底是为了什么而吵架了。

整部电影，看得我特别心塞：我说，男女主人公就不能好好沟通下，诚实地面对自己的内心吗？

说到底，他们都是爱自己，超过了爱对方。看起来，是命运之手将他们俩分开。实际上，分手可能是两个人内心一直渴望的结果。

我们可以试想一下：倘若你真不希望这个结果发生，你一定可以想出千万种挽回和挽救的办法来。你没有去做，说到底还是因为不想做。

找我倾诉的朋友和她的丈夫以及《前任3》中的林佳和孟云，都是典型的回避型人格。如果一个"领袖型人格"和一个"回避型人格"在一起，他们可能会很合拍。

"回避型人格"为了保护自己脆弱、敏感的小心灵，说出分手的话，"领袖型人格"若是不想分手，直接说一句"你说分就分啊，我不分"，"回避型人格"得到对方不愿意与自己分开的想法后，也就觉得心安了。

最要命的是两个"回避型人格"在一起，谁也不肯主动，谁都怕对方占了上风，将自己置于不利境地，最终的结果就是冷战、拖延，任由隔阂一点点产生。

"回避型人格"有怎样的特点？那就是不主动、不拒绝、不黏人、不矫情、不做作、不强求。

他们最擅长的事就是等待别人发号施令，用消极的态度对抗生活中出现的一切问题。倘若事情朝着不可控的方向发展，他们会很坦然：你看，这个事不是我搞砸的。我不是罪魁祸首。

他们的内心自我保护机制太过强大，以至于只愿意活在自己觉得安全的范围内，像蜗牛永远活在自己的壳中。

与伴侣的感情出现了问题，他们最擅长用冷漠的言辞、狠绝的态度逼退对方，俨然这样自己就远离了危险。

感情出现了问题，他们的第一反应不是去积极解决、沟通，而是等着对方表态，再根据对方的言行决定自己的行动，一旦对方的言行有哪一点不符合自己的期待，他们立马就缩回自认为安全的范围内。他们宁肯当一个自怨自艾的怨妇，也不肯主动出击。

他们其实也特别渴望被关注、被理解、被关心、被爱，但怕被别人看出来，俨然自己就像小动物一样，向别人袒露了浑身最脆弱、最容易被攻击的部位。

感情出了问题，他们最倾向于做的事情便是站在原地，内心上演无数内心戏，脸上却冷若冰霜。

在情感关系中，在亲密的人面前，他们保护自己的方式，就是"时刻准备离开"。结果呢？越是这样想，越是会发生这样的结果。

这一天终于到来了，他们半是认命半是无奈地说：我就说 TA 不可能跟我走一辈子吧，你看我是对的。

回避型人格障碍，其实是一种心理障碍。这类人可能表面上表现得很自信，但内心里却总觉得自己缺乏吸引力，在各方面都处于劣势，因而显得过分敏感和自卑。他们时刻担心自己会被别人拒绝，所以总是通过先拒绝别人的方式来维护自己可怜的自尊心，难以与他人建立深层次的亲密关系。

明明自己心里很爱对方，出口却句句伤人。明明希望对方留下来陪着自己，摆出来的态度却是：你走吧，谁没你还不行。

电视剧《武林外传》中，佟掌柜和白展堂闹过分手，佟掌柜说出分手的话后，后悔不已，但表面上却强装镇定。导演安排这两个人物僵持在原地，却给他们加了很多内心戏。两个人面对突如其来的"分手"，心里都很慌，但面上强装淡定、决绝。观众看了，忍俊不禁，因为我们每个人可能都有过这样的时刻。

每个人多多少少都有点儿回避型人格，都有"口是心非"的时候。在非原则性问题上，你"口是心非"几回，那是情趣；若是自始至终以"口是心非"的态度对待别人，把自己的回避型人格发扬光大到极致，就有可能把对方也搞得很累，最后这段感情的走向也不容乐观。

谁喜欢一直"热脸贴冷屁股"呢？每个人都需要被理解、被关注、被温暖、被鼓励。父母对孩子的爱，算是人世间最伟大最无私的爱了，可若是孩子一直十恶不赦、变成"扶不起"的阿斗，父母也会放弃的。

人生那么短，把大好时光花来互相试探、置气、冷战，你不嫌浪费生命吗？

能爱就好好爱，不能爱就给个痛快。把给你送来温暖的人挡在门外，自己躲在家里哭哭啼啼，当真以为生活是在演戏啊。

恕我直言，热衷于这样做的人们，也许内心深处其实不怕失去爱情、失去对方甚至失去自己，他们只是热衷于扮演苦情戏，喜欢上演自己被辜负、被伤害的苦情形象。他们潜意识里渴望的不是花好月圆的幸福，而是"受虐"。

如果你刚巧是这种人格，怎么办？

第一，找一个领袖型人格来"领导"你，对方最好还是"死缠烂打"型，贴无数回冷屁股依然百折不挠。只不过，遇上这种人的概率，可能比半夜撞见鬼的概率还要低。

第二，改变自己。先认识自己、了解自己，然后告诉自己、表达自己真实的意愿并不丢人，主动出击并不是就低人一等。如果遇到了爱的人，学会坦诚沟通。最后，珍惜时间，少点儿内心戏，不要成天让对方猜测你在想什么。不要以猜测代替思考，不要以幻想代替行动。

心穷的男人，不能嫁

（一）

我认识的一哥们儿，单身好多年了，当然只是名义上的。

早些年，他经济状况不大好。那时候，他也出去相亲，总喜欢戴上名表、穿上名牌，有时候还借辆豪车，生怕女方会因为他经济条件不好而看不起他。

再后来，他辞职创业，兜里开始有了点儿小钱，这时候他再出去相亲，就变得低调多了，名表早不戴了，名牌也不穿了，约会时就打个车过去，生怕女方看上的只是他的钱。

我说，为什么你总觉得女人择偶，就只懂得看你有钱没钱呢？

他回答，女人不都这样吗？有谁能例外呢？

他是这样总结自己找不着长期伴侣的原因的：没钱的时候，她们看不起我；我有钱了，她们只看上我的钱，而不是我的人。

这种"没钱怕被人看不起，有钱又怕别人惦记"的心态，在一些男人身上，应该不鲜见。

他们可能的确兜里有俩钱，但骨子里，还是自卑的，还是觉得"只有钱能壮自己的胆儿"，甚至认为自己除了有钱之外一无是处。

这种"兜里不穷但心穷"的男人，在我看来挺可悲的，女人尽量不要去招惹。

金钱，很多时候也是人格魅力的一部分。真正自信的男人，不会因为把金钱、权势、地位等外在的东西剥离自己后，就自卑成这样子。因为他们笃信：自己还能赚到钱。即使没钱，自己也还是值得被爱。

网络上，曾经热议过这样一个话题：如果穷男人装富，等到真相大白后，几乎没有女性可以接受；但是，如果是富男人装穷，绝大多数女性知道后则表示可以接受。

可是，我现在觉得"可以接受"这种选择是有问题的。

富男人装穷，很多时候还真是"心穷""对别人充满不信任"的表现。

国外有个姑娘在结婚前才发现未婚夫居然是个亿万富翁，得知这个消息后，她并没有觉得这是"天上掉馅儿饼"的好事，反而快要被气疯了。

这个富翁未婚夫，给了姑娘最恶心的一击：几年的时间里，他不停欺骗她、考验她。

为了支持他的作家梦想，姑娘一个人打两份工养全家，而男人心安理得地吃软饭，甚至连自己的狗生病了都见死不救。姑娘只好卖掉母亲留给自己的遗物，筹集狗狗的手术费，而男人冷静地看着这一切，无动于衷。等两人快要结婚时，男人突然说要签婚前协议，此时才说出了自己是超级富豪的事实。

当姑娘问他为什么要欺骗自己时，他回答：当别人知道我有钱后，就不会因为我这个人而喜欢我了。

姑娘最终和他分了手。

我只想说：姑娘，你干得漂亮！

（二）

越是心穷的男人，越爱骂女人拜金。

"人穷心也穷"的男人，大多公开骂。

比如，一个女人在一线城市有房，如果她择偶时要求男方也在一线城市有房，然后，没房的男人就会感到自己被冒犯了，开始骂这女的拜金、自私、武断。言下之意，你凭什么看不上我啊？你看不上我，说明你有问题。

我就不大明白这种思维了。人家已经明确把你排除在外了，你还站在那激动个什么？你骂完人家，人家就会考虑你了？广州好多豪宅盘，你想要去看，是必须要先验资的。如果你的资金实力达不到人家的要求，人家根本不会浪费时间站在豪宅盘门口听你大骂开发商势利、为富不仁。配不上就是配不上，买不起就是买不起，连这点儿都不愿意承认的人，智商都不过关，只能穷一辈子了。

这类男人最喜欢在头脑中意淫这样的故事：男人向女人求婚，女人以"等你挣够一百万再来吧"作为理由婉拒，男人开始奋发图强去挣钱，几年后带着一百万来到女人面前，朝女人吐一口唾沫："瞎了老子的狗眼，居然看上你这种虚荣势利的拜金女人！有多远你给我滚多远！"

"人不穷但心穷"的男人，就不一定直接骂女人拜金了。他们大多把女人当贼防着，处处计较得失，生怕自己被别人占去一分钱的便宜。

曾经，有一个网友给我留言说："羊羊姐，有一个离异男人追我，但我不知道他是否值得嫁。我问过他离婚原因，可他只说性格不合。"

我说，衡量这个男人是否值得嫁的标准有很多，其中有一个是——离婚时，他如何对待他的前妻、如何分割财产？

我说，只要我们还身处父权社会，女性在社会上、婚姻中相对还是处于弱势地位。那种跟前妻离婚时，能尽量给前妻留够足够的物质保障，不让她净身出户的男人，女人可以考虑。反之，跟前妻离婚时机关算尽、转移财产，对前妻赶尽杀绝的男人，不管他再帅再能干再有钱，都坚决不能嫁，因为他前妻的现在可能就是你的明天。

看男人怎么看待钱、怎么用钱，也是可以看出其人品的。

前妻是全职太太或怀孕生子期间无任何收入，但他天天念叨自己是"一个人养家"的离异男人，女人坚决不能嫁。因为他把利益看得比天大，而且对女性缺乏最起码的同理心，丝毫不会体谅她们的处境。女人生育孩子，不是什么劳苦功高的事，但作为孩子的父亲，对孩子母亲应该要有最起码的尊重和体谅。女人所要付出的生育成本是巨大的，至少有整整两年的时间，会被孩子绊住脚步，没法像以前那样去拼搏。这个阶段，男人在经济上多付出一点儿，是理所应当的。

我还见过一个男人自豪地向外人炫耀，他如何通过各种手段假装破产，逼得前妻这个"拜金女"离婚时从他那里没捞到一分钱的好处。

什么人会把这种事拿出来炫耀和嘚瑟呢？把钱看得比感情重的人，把自己的利益看得"重于泰山"而把别人的感受看得"轻如鸿毛"的人。

这种人，就是"心穷"的男人。

（三）

我的一个男性朋友离婚时，疾病缠身，钱财上被前妻扒得毛都不剩，只剩下一个账面上有十来万块钱的公司。当时是他人生的最低潮，没房子、没车、没钱，每周去医院做肾透析的钱都是借来的，还欠了前妻上百万债务。

离婚之后一年，他无数次觉得自己快撑不下去了。一年后，有一个各方面条件还不错、比他小十来岁的女孩子看上了他。她卖了自己在北京的房子，跑到广州来，跟他一起打拼事业。现在，他已经还清了债务，两个人的公司发展得蒸蒸日上。

他结婚时，我还跟闺蜜聊起这件事："你说那姑娘图什么呢？图他年纪大？图他离了婚？图他一身的病？图他债务多？"

后来，我们都知道了答案：图他情绪价值非常高。

怎么讲呢？他就是一个特别尊重女性、特别顾家、骨子里特别温柔的男人。

前妻当年想出国，他就尽他所能支持她出国深造。前妻毕业了不想回国，他也尽可能支持她留在国外。前妻没能留在国外，想回国，他又尽自己所能帮她找工作……他支持伴侣的一切选择，从不说教和唠叨，只是默默给对方创造条件。

他之所以跟前妻离婚，是实在忍受不了前妻情绪上的歇斯底里、反复无常、躁郁癫狂。那时候，他自己也得了很严重的肾病，如果再不切割掉与前妻的这层关系，可能连自己也会被前妻爆发的负能量给吞噬殆尽。

不管是跟前妻在一起还是跟现妻在一起，不管工作多忙，他每天都会在十一点之前回家，与妻子谈天半小时。妻子洗完澡后的头发，大多都是他给吹干的。妻子的手指甲、脚指甲，大多时候都是他帮忙剪的。

他就是很愿意花时间去做这些小事，就是发自内心地享受和妻子相处的这点儿时光。这些东西，构成了他靠谱和温暖的品质，成为他吸引现任妻子的重要原因。

很多男人总觉得女人择偶时只知道看钱，生怕别人看上的只是自己的钱，可他们不知道的是，一个男人"精神上太贫穷"，才是女人看不起他的主因。

不可否认，这世界上的确有很多"拜金女"，她们衡量一个男人的唯一标准就是"有钱没钱"，但是，更多的女人是像你我一样，不过只想在满足衣食的基础上，祈求一份温暖。很多女人并不害怕嫁给贫穷的男人，因为一个人现在穷，不等于他将来也会穷。

真心不建议女人与"心穷的男人"产生交集，不管他有钱还是没钱。心穷的男人，大多鸡贼自私。

他们很难把你当成"一个人"去尊重，很有可能只会把你当成一个工具、一块肥肉。和他们在一起，你可能最后被他们敲骨吸髓、吃干抹净，连渣都不剩。

一旦哪天你失去了被他利用的价值，很有可能他就会对你心生怨毒。

总之，别对心穷的男人抱有幻想，哪怕他们看起来挺有钱。

任何越轨，都是要付出代价的

（一）

电视剧《三十而已》，看得我肝儿疼。男主角许幻山还是出轨了，跟崇拜自己的林有有。许幻山出轨的原因，跟妻子顾佳到底够不够贤惠一点儿关系都没有，纯粹是因为他自私而且自卑。

自私很好理解，出轨的男人没几个是不自私的。若是不自私，他们就不会脚踏两条船、把两个女人分开"使用"了。一个女人当妻，稳定自己的大后方；一个女人当妾，让自己享受"家里红旗不倒，外面彩旗飘飘"的便利，妻妾各司其职，为自己所用……这种主意，只有出轨男人想得出来。

为什么我们会说许幻山自卑呢？如果一个男人够自信，就对自我会有一个客观而中肯的评价，不需要通过异性的肯定、鼓励来获得力量。只有缺乏自信和担当的人，才会在生活的重压下衍生出找寻"崇拜自己的人"的需求。妻子和他的地位太平等了，他需要靠比妻子低阶的异性来确认自己的魅力。

许幻山式的出轨，就像一个劣质冰激凌。大家尝过化了的冰激凌的味道吗？那是一种齁甜的味道，让人吃一口就起腻。人们喜欢吃冰激凌，图的是"冰"的感受，却不知道那种"冰爽"只是暂时麻痹了你的味觉。你真正吃到胃里去的，就是那些齁甜的、吃多了可能会对身体有害的"流食"。

林有有就是这种冰激凌。

她诱惑许幻山的路数，其实特别低级。无非就是渣爹诱惑孩子的那一套：你不喜欢学习，只喜欢玩是吧？走啊，爹带你去玩，让你嗨个够。你喜欢垃圾食品是吧？你妈不让你吃，太不讲道理了，走，爹带你去吃。

生病了啊？哦，让你妈带你去医院。

长得虚胖？哦，让你妈带你去锻炼。

学习下降？哦，让你妈带你去补习。

总之，他们只负责闯祸，却想着别人为自己收拾烂摊子。他们负责拉屎，而别人负责给他擦屁股。

带着一个人往下滑，那还不容易？只需要拽一把就够了。而带着一个人往上攀登、攀爬，多难啊，你得跟人骨子里好逸恶劳、好吃懒做的天性做斗争。

就这样，许幻山觉得只有林有有才让他做回了自己。

再聪明的妻子，也拦不住男人要去吃劣质冰激凌的。

不过，今天这篇文章，我不想分析许幻山，而是想分析另外一个问题：为何林有有式的女人，那么热衷于当小三？

林有有一开始就知道许幻山有老婆，但是，她完全不在乎，大概是因为她觉得她的爱情最大。而林有有为何会爱上许幻山？不过就是慕强心理作祟。

许幻山是公司老板，有房、有车、有经济地位，还会设计烟花，看起来还挺"成熟"，不是毛头小子……对林有有这样一款没什么见识的女人来说，这款男性简直就是不可错过的"优质男"。

有的小三在"情不自禁"当上小三后，会有愧疚心理，而林有有完全没有，她只是觉得自己才是许幻山的良配，而顾佳就只知道禁锢许幻山"内心深处的小男孩"。

这种"自信"，真不是每个小三都有的。

在感情中，永远是有脑子的人占上风。在《三十而已》中，许幻山和林有有在一起，明显林有有是有脑子的一方。以许幻山的智商，他根本察觉不到林有有所说的话中的逻辑破绽。

每一次许幻山强调自己有老婆、珍惜家庭，林有有从来都不接招的。她就认准一点：你心里有我。

许幻山被林有有"吞噬"，完全不意外。

（二）

出轨男和小三之间有真爱吗？我认为是没有的。

让一个人一辈子只爱一个人，是很难的，因此，这世界上才会有分手、离婚。爱则聚，不爱则散，再正常不过了，但是，真爱小三的男人，一般都离婚娶了小三了，他不会忍心让自己心爱的女人处在一个很尴尬的位置上。只有那些自私的、鸡贼的男人，会脚踏两条船，而且他们常常会打着"爱情"的名义出轨。

我不认为小三们介入别人的婚姻，是为了"伟大的爱情"。不然，就真的亵渎了"爱情"这两个字。

海子曾经写过一句很美的诗："你来人间一趟，要看看太阳，和你的心上人，一起走在大街上。"我也觉得，"看着太阳，和心上人走在大街上"才是爱情最该有的样子。两个人时不时地偷偷摸摸地背着别人去酒店开房，也配叫爱情？

林有有还是太年轻。她不知道做小三是要付出代价的。

排除那些奉行开放式婚姻的人们，在当今社会，在人们的婚姻观中，出轨和"当小三"的行为，始终还是被主流道德观所不容的。甚至连小三自己，都没法不认同这种主流道德观。

我先给大家讲个真实的故事吧。

前段时间，一个读者找我咨询，我感觉她精神状态不大对。她很年轻，当了一个四五十岁高收入男人的外室并给他生下了孩子。

钱，她当然是不缺的。她想要什么，男人就给她什么，除了名分。

这种关系见不得光。她怕被人指指点点，就和自己的亲戚、朋友都断了联系。她没有工作，没有社交圈，男人和孩子就是她生活的全部。

疫情期间，大家都出不来，她一个人带小孩，而小孩处在断奶阶段，搞得她睡不好。

她竟然说，我无数次想把孩子杀死，再自杀。

我马上告诫她，你可别产生这种想法。孩子生下来就不再属于你的私有物了，你要是这样做了，那你就是杀人犯。

我跟她聊了一小时，能明显感知到她身上有一种特别可怕的吸附力。她就像是一只长期生活在沼泽地里的水蛭，突然遇到了一个可以续命的恩人，快速地吸附上来，不肯松口。

这种吸附力，甚至让我都感到有一点点害怕。我挂了她的电话后，很长一段时间才恢复能量。

那些掉到水里但不会游泳的人，在尚有意识和挣扎能力的阶段，若是遇到前来救自己命的人，本能的反应就是去吸附。可是，如你所知：如果我们掉进了水里，只有在浑身放松的状态下，借助水的浮力让自己的身体上浮，救生员才能把你救起来。若是你拼命去吸附，死死抓住救生员不放，很有可能连救生员都会被你拉下水。

她的状态真的非常糟糕，是我咨询过的姑娘中最糟糕的一个。而这种糟糕，完全是那种不正常的关系带给她的。

曾经，她也在那段关系中感受到欢愉，但是，因为男人和原配都没打算离婚，她现在感受到的只有痛苦。

我不知道这位姑娘为何会变成这样子，也不知道将来她会怎样，但我真的挺为她感到惋惜的。几年前，她才二十出头，有学历、有技能、有学习力，可最终却选择了这样一条路。

在原生家庭中，她得不到足够的关注和爱，因此，当那个男人拿出钱给她买了一套房子时，她就感动了，沦陷了，相信爱情了，并愿意为他赴汤蹈火，还生下了孩子。

前一秒，她试图说服自己"那个男人是爱自己的"，但是，下一秒钟她又被现实打倒：那个男人从来没有说过离婚，他甚至说服了自己的妻子，接受她和小孩的存在。那个男人每个月给她和孩子的钱和时间，不过是他月收入、月业余时间的三十分之一。

她也深知，如果这个孩子没了，她和那个男人最后的联系可能也就断了。

表面看起来，她什么都好：有房子，不用工作却有钱花，孩子的父亲也管孩子……但是，她唯一缺少的，就是希望。

一个人若是没有了希望，就很容易活成行尸走肉。

面对孩子，她极度焦虑，也时常因为孩子的教育问题与孩子父亲吵架、争执。我只能理解为：孩子是她和丈夫产生链接的唯一桥梁。这种链接，能让她产生一种强烈的"活着的感觉"。

她肯定也爱孩子，但一个内心空洞的母亲如何能给孩子输出爱和能量呢？

她问我，她该怎么办？

我说，你现在的状态就像是一只被老鼠夹子夹住尾巴的老鼠。你敢于断尾求生，你的人生才会出现新的可能。但问题是，你怕疼。别人给你提一万种逃离的方法，你总能找到第一万零一种理由来说服这不可行……这世界上从来没有"如何快乐地忍气吞声"这个答案，能救你的只有你自己。

这个故事让我很是唏嘘。无数个忽略"女儿"的家庭，造就了无数个渴望爱的女孩子；她们四散到社会上去，常常会为了一点儿蝇头小爱就扎进某个渣男的怀抱，再生下渴望爱的孩子……这种轮回模式，很难打破，毕竟，人群中有悟性的人那么少，那么少。

而当小三，对绝大多数女人来说，都是一条不归路，很难回头，很难上岸，代价相当沉重。

（三）

看多了类似的案例，我真想给年轻女孩提一个醒：婚姻没你想象中的那么简单。

你看大叔只睡你、独宠你，就以为自己就是偶像剧中的女主角，认为"不被爱的才是第三者"，幻想着自己拥有了大叔的爱就能拥有全世界？

这太天真了。

在大叔的眼里，你不过就是一本枕边书、一个饭后甜点、一只养在笼子里供他逗玩的金丝雀。

做个不恰当的比喻：某类婚外恋关系中的小三，就是一朵外表娇艳却经不起风吹雨打的花，出轨男是一只到处去采花蜜的蜜蜂。

小三以为那只蜜蜂只肯为自己停留，岂料一转眼发现它又去采别的花。她恼羞成怒，发誓要报复蜜蜂，结果人家转头就跑回蜂巢，带着同伴来蜇你一脸刺。

这时候，你才惊讶地发现：原来，婚姻不是一幅"蜜蜂采花"图，而是分工严密、组织严明的蜂巢。看着不起眼，但内里结构复杂，有蜜也有毒。

我们这个社会，其实对女性更为苛刻。男人出轨，最后回归家庭，舆论还会说他依然是那个顾家好男人，只不过"年少不懂事"或是"犯了天下男人都会犯的错"。女人当小三呢？会被当成千年小三钉死在耻辱架上。同样是犯错，女性在这个社会终究是更弱势的。你的试错成本，可能比男性要大许多。

人生苦短，每一天的时间都很宝贵，干吗要把精力花在和烂人烂事纠缠上呢？如果你把这份精力花到事业上，原子弹都可能会被你造出来了好吗？

"人生如圆，如果出发点不够坦荡，落脚点也会踩到不幸。"这句话，未必是一种常见的规律，却是我更乐意相信的一种规律。

有多少悲剧，始于未婚先孕

（一）

一对原本就不合适走入婚姻的男女，受欲望驱使，滚了一次床单。很不巧，女方怀孕了。两人出于"怕伤女方身体""想要个孩子""不想堕胎""长辈催促"等原因，选择奉子成婚。成婚后，一方或双方发现婚姻生活过得特别痛苦，又开始想要离婚。

这种案例，我接触过多起。每次看到，都气不从一处来。人生很多事是可以再选择一次的，比如"再结一次婚"，唯独生死这两件事不可逆。孩子已经来到世上，你还能把他塞回去吗？

在类似的故事中，最无辜的就是那个孩子了。

我一个远房表姐的儿子，去年才19岁，但也"奉子成婚"了。职高毕业后，他就去了一家小饭店当服务员，在那里认识了一个做洗碗工作的女孩子。两个人开始谈恋爱，但因为没做好避孕措施，女方"中招"了。他慌了，女方也不知道怎么办，各自回家"找妈妈"。

"找妈妈"的结果，就是：双方的妈妈都催促他们结婚。远房表姐觉得，既然孩子都有了，那就结婚吧，何况现在经济条件差一点儿的男孩子找对象很难。女方妈妈则认为，自家女儿既然"怀上了"，对方就得负责，若是女儿打过胎，以后就嫁不出去了。

虽然双方都还没达到法定结婚年龄，但两家长辈还是催促着给两人办了婚礼，心想着等到了法定结婚年龄再去领证、给孩子上户口。

听到这事的时候，我唏嘘不已。但是，在某些地区的农村，这又是一个"常规操作"。

你想想，两个 19 岁的小青年懂什么，就要当爸爸妈妈了？两个人都没有稳定的收入，出现"意外怀孕"这种事第一反应就是回家"找妈妈"，怎么能对婚姻、对孩子负责呢？

果然，孩子出生后，两人几乎天天吵架。男的肤浅，女的幼稚，双方每天总是为孩子的奶粉钱、尿布钱以及婆媳关系吵架。女方一气之下干脆把孩子扔给婆婆，自己跑到外地打工去了。

投胎到这样一个家庭，我真为那个孩子感到悲哀。

（二）

当博主几年，我的私信箱里从来不缺这类"奉子成婚"的故事。

有一些女性怀了孩子后，人生就会滑向深渊。比如，小菊（化名）和她老公，就是奉子成婚。

两个人刚在一起时，她觉得男方很体贴。情到浓时，两人上了床，但没做好避孕措施。发现自己意外怀孕后，小菊整个人都是蒙的，第一反应是觉得这个孩子来得太突然，而自己根本没准备好当妈妈。男方知道后，不准她去做人流，说这样很伤身体，说他会负责，要给小菊一个名分，给孩子一个完整的家。

小菊顿时觉得，男方遇事不逃避，为人蛮可靠，就悄悄地跟他把证领了。之后，双方家人见面商量结婚事宜。可是，办婚礼前一个星期，小菊从外地出差回来，却发现男方出轨了。小菊觉得天都塌了，不敢相信眼前这个人的真面目会是这样，她想跟丈夫离婚，可当时她已经怀孕好几个月了。

胎儿的月份比较大，不好做人流手术，可能需要引产，医生建议小菊住院。小菊住院后，男方打了电话给她赔罪，之后找到医院，在医院大闹，不让医生做引产手术。

当时，两人的结婚请柬都发出去了，男方估计是担心两人若是这时候离婚，他没法跟收到请柬的亲戚朋友交代，还想着办婚礼。而当时唯一能把小菊拴在那场婚姻里的办法，就是"让她当妈妈"。

男方手头握有两人的结婚证，搞得医生一时很难办，让小菊回去跟丈夫商量。小菊照B超时，第一次听到孩子的心跳声，忽然就于心不忍了。

小菊回家后，男方收敛了许多，可当小菊快生产的时候，又一次发现男方出轨了。

小菊在私信里说："那是一个下着小雨的晚上，他和我吵、和我闹，把我一个人丢在街上。我和他提离婚，他死活不离，就这样，我回到我妈家。我妈对我的不理解、不支持，让我更加煎熬，可我没有能力搬出去住，工资又少得可怜。他知道孩子是我的弱点，就更加肆无忌惮地出去鬼混，我和他很难见一面，产检也是一个人去。我马上就到预产期了，最近又开始失眠，整夜整夜睡不着觉。这一切都怪我咎由自取、自作自受。我说，等孩子生下来之后我会和他离婚，他也答应了。可是，无数个夜晚，我觉得很对不起这个孩子，可现在我无能为力，心里备受煎熬！"

小菊的故事，讲到这里就戛然而止了。我也不知道她现在怎样了。

在给我发私信的朋友中，小菊这样的故事绝不是特例。故事中的女孩子大多是这样：和男方在一起没多久，就发现自己意外怀孕了，当时自己也没想着打掉孩子，加之男方这时候的态度还行，那就"奉子成婚"。在她们的观念里，一个男人若是这种时候不要求女方打掉孩子，而是提出来结婚，那这样的男人就是一条"会为婚姻和孩子负责"的汉子。但是往往事与愿违，没过多久她们就发现男方身上有各式各样自己无法接受的毛病，可是，结婚证书已经领了，胎儿在腹中越来越大，她们只能暂时"将错就错"下去。

如果纠错能力比较强，她们当中可能有人会在生下孩子后就选择离婚。有的人则一直这么将错就错下去……毕竟，对于一个结了婚的女性来说，"有孩子"和"没孩子"的纠错成本大不一样。

"生下孩子"这事是不可逆的。有良知的人，不管离不离婚，不管离婚后要不要孩子的抚养权，都要对孩子负责。

她们找我倾诉，问得最多的一句话是："我知道我错了，但是我该怎么办。我不知道，好像我没有出路了。"

我理解她们所说的"没有出路了"。

没有意外怀孕前，她们还有一条学知识、学技能的路可以选择，可是，一场意外怀孕，让她们仓皇地踏进了婚姻殿堂。

这相当于什么？相当于在你爬山的路上，你眼前遇到了一个很难翻越过去的大石头，旁边还放置了一个滑梯。

眼前的大石头，她们要么不够体力、能力去翻越，要么克服不了心理障碍，而滑梯也算是一条路，那就去玩滑梯吧。何况，滑梯的尽头，也许是个桃花盛开的地方呢？

带着这种心理，她们坐上了滑梯，一滑到底。

可是，当意识到滑梯的尽头并不是盛满清水的游泳池而是一片沼泽地时，她继而萌生了再想回到原地的想法，却再也回不去了。

（三）

我知道，不是所有的"奉子成婚"都会造就悲剧。现实生活中，也有很多夫妻是奉子成婚，但人家婚后照样也过得挺幸福的，或者，至少婚姻稳定、风平浪静。

"奉子成婚"本身没有问题。很多情侣可能忙于事业、忙于其他，暂时没有结婚计划，可孩子的到来使得这一计划提前落地……若是两人感情基础好，孩子能为两人的感情锦上添花。

怕就怕在，本就不合适抑或是即将面临分手的两个人，却因为一个孩子的到来而奉子成婚……那么，这种故事的结局其实早就已经写在了开头。

如果女人只是出于"想要一个孩子"的目的跟一个男人上床并顺利怀孕，而这个男人也愿意配合你结一次婚，让孩子合法落地，自然无可厚非。

倘若你是怀着建设幸福家庭的憧憬和一个原本不那么靠谱的男人奉子成婚，那他在结婚生子后变得靠谱的可能性极小，你可能只会收获一地的心碎和心酸。

意外怀孕这事，对心智成熟、情投意合的情侣来说就是一场突如其来的惊喜，一场幸福婚姻的"神助攻"，但对于那些高估现实、高估人性的人来说，可能就是"后患无穷"。

要我说，越来越丰富的避孕手段和人流技术确实算是解放女性的"第一大发明"。以前，女性要忍受不断怀孕的结果，自己的人生也被绑架在了"突如其来"到来的孩子身上。

像我祖母她们那一辈女人，一辈子几乎就没能干什么正事，好像她们生来就是为了生孩子而存在的，生了一个又一个，活得像只牲口。

我个人是不鼓励随便堕胎的，但是，若是女性怀上了一个"不受欢迎的孩子"，担心自己和孩子爸爸都没办法承担起养育孩子的职责，那么，最好在胎儿满三个月之前去打胎，即使这样我觉得她也不该受谴责。我们站在旁观者的角度、"慷他人之慨"地指责人家不道德，未必显得我们"很道德"。这事本就是一个伦理难题。

我老家有个姑娘出去打工，在厂子里认识了一个男人。两人恋爱后不久，她就怀孕了。她怕打掉孩子伤身体，就跟男人结婚了。结婚后，她被男人带回了老家，之后又接二连三地生了两个孩子。现在，她在老家一个人带着三个孩子生活，平常有干不完的农活，还要伺候公婆，丈夫根本不寄钱回家。

看多了这类底层女性的故事，我真是很痛心。

无一例外的是，这些姑娘的原生家庭都非常糟糕，父母极其重男轻女。她们在原生家庭中毫无地位，因此，成年后遇上个嘴甜的男人，轻易地就沦陷了。

很多从农村出来的女性，一生的命运走向就是这样的：小时候，因为自己是个女孩子，爹不疼、娘不爱的，从小被当成"赔钱货"养。长大以后，遇上一个男人，给她一丁点儿甜头，她就以为遇上了大太阳，义无反顾地跟随人家而去。

婚后，那个大太阳变成了大豺狼，她只能离婚。离婚时，她却得不到原生家庭的支持，完全只能靠自己的力量和能量撑过那段最难熬、最狼狈的时光。

如果没孩子，她们从困境中走出来的速度可以快一点儿；如果有了孩子，再加之她们容易心软的话，大概一辈子就只能在泥潭里打滚了。

不管是男性还是女性，都应该尽量避免自己陷入"到底要不要把孩子生下来"这样的"伦理困境"。尤其是女孩，尽量不要让"意外怀孕"这种麻烦事发生在自己身上。因为怀孕风险完全由你来承担，而这种事情，是不可逆的。

"原谅我不能在跌入深渊时爱你"

（一）

我的闺蜜小叶认识雷哥的时候，雷哥刚结束外派工作，从非洲回来。

在非洲，雷哥想要见到个黄种女人都难，因此，那些年也没谈过什么恋爱。

回国后，他觉得自己浪费了太多年的青春，需要好好找个靠谱的女人结婚生子，因此就找上了小叶。

雷哥回国后，生活中只有一个主题词：忙。

许久没见的亲戚朋友排着队要见他，因此，他有一大堆的应酬。

到了周末，老家年迈的爷爷奶奶、多年没见的亲戚也想见他，他就会回老家。其间，他根本没什么时间抽出来陪小叶。

再之后，他开始忙工作，经常出差，经常加班，忙着复习、进修和参加职业考试。后来，他又忙着帮父母搬家，新家里买个家具也要他亲自出马。

其间，他还要参加同学、同事的婚礼，充当人家婚礼上的司仪……反倒把小叶一个人晾在一边。

小叶那时候虽然心有不满，但她自己也忙，倒没有太把雷哥这种"冷落"当回事。

两个人的关系开始走向恶化，是从雷哥的妈妈被查出肺癌晚期开始的。

从医生那里探听到这个消息，雷哥直接就蒙了。此后，他恨不得每天二十四小时待在医院里。

小叶想着，他妈妈应该没有多少时间可以活了，他这么做，我应该要理解。

雷哥妈妈患癌后，雷哥就成了"千里挑一"的大孝子。他每天都会往医院跑，早上六点起床去医院送粥给妈妈喝，下班以后又回家把饭、菜和汤送到医院，再从医院回家，然后加班或看书、复习到很晚。

当小叶给他打电话时，他小聊十分钟就挂了，说自己太忙太累了，没那么多时间闲聊。

周末，雷哥要么回公司加班，要么去学习进修，要么就到处帮他妈妈买药或者买补品。小叶劝他歇一歇，出来跟自己看场电影或爬山，他就说自己实在太累，想在家休息。

雷哥当然也不至于完全不见小叶。年轻人毕竟都有生理需求，有个固定的女友总比没有好。

这样的日子过久了，小叶当然不干了，开始闹情绪，可在雷哥看来，小叶这是不明事理、无理取闹。他觉得自己已经够累了，家里的破事已经够多了，女友还来找自己闹，简直就是给自己的生活"雪上加霜"。

小叶当时也想买一套婚前房产，有时候也会生病，但每次她最需要雷哥的时候，雷哥都不在身边。无论是看病还是看房，小叶都是自己一个人搞定的。

她在职场中受了委屈，想找雷哥倾诉，但雷哥永远抽不出空来听她慢悠悠地讲述自己那点儿小情绪。在他看来，自己妈妈罹患肺癌晚期这种事才算是"事"，小叶那算是什么事呀，简直就是无病呻吟。

雷哥跟小叶说得最多的一句话就是："我是家里的长子，我们家出了这么大的事，我得承担起自己的责任来。"

那段时间，小叶一个人买菜做饭吃饭睡觉，一个人参加聚会，一个人看电影，一个人K歌，一个人旅游，一个人过周末、过节假日，有男朋友跟没有男朋友一个样。

她也去医院看过雷哥的妈妈，也去过雷哥家里给他庆生，但每次她去了，都觉得自己像个外人。

小叶忍无可忍地提出了分手，雷哥不同意。

刚好那阵子有人追求小叶，小叶就下定决心跟雷哥分手了。

小叶在跟我倾诉这段感情经历时，还特别提及了雷哥当时向她转述的雷哥妈妈说过的话："这个女人不能要，能同甘不能共苦，她只是看上了我们家的条件。我们家有事时，她就只想着逃跑。"

对此，小叶是这么回复的：

"他们家的事才是事，我的事就不是事。我就不明白了，既然他忙到连陪女朋友的时间都没有，为什么还要找女朋友？难道是想找个女朋友跟他一起共渡难关？可那是他的难关，不是我的难关。我要是跟他拍拖了十年八年，而且在这十年八年里，他真的待我很好很好，那么，遇到这种事情我愿意和他共抗风雨，可我们感情都还没培养起来。跟他相处的这几个月他永远把我放在最后一位，出了事情就要我跟他一起共渡他的难关？做人不能这样吧。"

站在雷哥的角度，这就是"一个女人见男方有难，拔腿就跑"的故事。可是，站在小叶的角度，她不过就是在这段感情中寒透了心才选择了离开而已。

（二）

在我看来，两个人进入婚姻之后，都要有一种基本的自觉：我的人生我自己负责，对方只是陪伴我走一程的人而已，没义务承担起我全部的人生。我不该把自己当成一个商品，卖给一个肯买我的人，从此就一劳永逸，只享受婚姻的红利，不承担婚姻的义务。

婚姻的幸福是靠双方共同创造的，我自己即使进入了婚姻，也要努力成为一个对伴侣有价值的人。即使价值不高，也尽量不要拖对方的后腿。简而言之，我捅的娄子尽量自己去补，我制造的烂摊子尽量自己去收。

但是，现实生活中很多人进入婚姻以后的状态是这样的：既然我是你的伴侣，你就得跟我风雨同舟、对我不离不弃。看我有困难了，你要扶持我、帮助我。

这何尝不是一种"以爱、以婚姻之名"的道德绑架？对方愿意帮你，那是对方爱你；不愿意帮你，你有权失望，但无权指责。

有意思的是，越是那种自己出去赌博、借高利贷等恶劣行径的人，当东窗事发后，见伴侣与自己划清界限，这种人就越爱斥责伴侣做不到对自己不离不弃。

一个开汽修店的老板，不满足于自己那一亩三分地的收入，非要去搞金融，而所谓"搞金融"不过就是左手找人借钱、右手再借出去，他赚取其中的差价。随着债务人出车祸死亡，他没赚到钱不说，还背了一大笔债务。

从此以后，他一蹶不振，天天酗酒。每次他的妻子劝他振作起来，他都听不进去。"我走到今天这一步，都是你害的"这话，他对着妻子咆哮了一万遍。妻子受不了他的颓废，带着孩子回了娘家，随后跟他提出了离婚。

他气得差点儿提着斧头去砍人，天天咒骂自己的妻子："有好日子过的时候就跟我，现在看我落魄了就离开我，想必当初肯嫁我，看上的就是我的钱。夫妻本是同林鸟，大难临头各自飞。这婆娘太不仗义，吃不起苦！"

在他的潜意识里，夫妻本是同林鸟，是同一条绳子上的蚂蚱，一方有难另一方应该无条件支援，不管这种"难"是外在的客观条件造成的，还是他自己的贪婪和草率造成的。用他妻子的话说，他这是"本事没有，玩道德绑架却是一把好手"。

给我发私信的莉莉，婚后才发现丈夫有严重的癫痫病，发病时口吐白沫、倒地不起。婚前和丈夫谈恋爱时，她没发现丈夫有任何癫痫病的症状，事后她才得知：婚前，婆家所有人竟联手向她隐瞒了这个事实，让她成为全世界最后一个知道真相的人。

她说，如果我事先就知道他有癫痫病，那我可能还是会跟他结婚，可现在这算什么事呢？这种被所有人联手欺骗的感觉，就像是吃了半只苍蝇。可他和他家人还不停指责我，说我"只能同甘不能共苦"。

另外一个案例，更是听得我火冒三丈。男方婚前已经查出肺癌，相当于半截身子都要埋土里了，得知自己治愈无望，他也不想再花家里钱了，但是，他想完成一个心愿：结婚、生子，想体验一下为人夫、为人父的滋味，想让自己的基因能在这个世界上延续下去。全家人为了满足他的这个愿望，打了一场非常"漂亮"的配合仗：倾其所有把他包装成"高富帅"，四处花钱请人给他介绍女朋友。

相亲过程中，女方和他看对了眼，随后两人很快便结婚了，而且很快有了孩子。孩子出生后，女方坐月子期间，才偶然发现丈夫几年前就被确诊了肺癌……

真相大白后，双方一顿好吵，男方和他的家人纷纷站出来指责女方"嫌贫爱富""能同甘不能共苦"。

可是，这些算是哪门子的"能同甘不能共苦"呢？你都没有让人家享受过任何"同甘"的权利，而一上来却要求人家承担"跟你共苦"的义务。你自己连"对人家坦诚"这一点都没做到，却要求别人跟你共赴患难。

明知道自己已经危机四伏，依然要去撩拨他人，希望天上掉下一个救苦救难的菩萨，跟自己一起承担自己应该去承担的义务。若是别人不愿意，就立马给别人扣一顶"只能同甘，不能共苦"的大帽子，这是要流氓，这是真自私。

婚姻当中的互相扶持，体现在"互相"二字。你对伴侣的每一分付出，都是在给自己"充值"。这里的"扶持"，不是体现在"找别人为我收拾烂摊子"，而是体现在：当不可抗力和生活的洪流席卷而来，你竭尽全力还是不能把自己从旋涡当中拉出来，对方可以拉你一把。

总之，在婚姻中，自己都要争气。其实不仅仅是婚姻关系，亲子关系、其他关系，自己也要争气。我们得到的爱，都不是哪个天生的身份赋予的，而是我们自己争取到的。

（三）

有一个新闻里的男生，做法与上述案例中的男人截然相反。

在父亲遭遇车祸，被撞成植物人后，他放弃了工作、跟女友分了手、卖掉了家里的房子、刷爆了几张信用卡，和母亲一起照顾父亲，但父亲最终还是走了。

跟相爱多年的女友分手时，他说："我不想让她陪我承担困难，她该有更好的选择。爱情不该是火坑，和平分手就是我们最好的结局。我希望她能得到我不能给她的幸福。"

看到这条新闻的时候，我还蛮感动的。自己承受着生命中不可承受之重，就不愿意开启一段感情，让另外一个人跟着自己一起承担。

这是一个多么善良的小伙子，很遗憾老天有时候并不"酬善"。

我们每个人，都可能会有被厄运打倒的时候，都可能会陷入生命里的低潮期。这种时候，大多数人潜意识里期待着自己生命中能出现一个盖世英雄，救自己于水火之中。每个人都有脆弱、无助的时候，因此，我们会有这样的心理并不可耻。

但我还是觉得那些"知道自己境况不好，所以不想让另外一个人跟着自己吃苦"的人，似乎更懂爱和尊重。他们把选择权交给了对方，而不是利用自己的弱势地位，对他人实施道德绑架。

爱不是索取，不是道德绑架，不是自己身处泥潭就要把别人拉下来陪着自己，更不是"他人不肯陪着自己下地狱，就骂别人势利眼"。

爱是尊重，是换位思考，是大度成全。我的苦难，我自己咬牙承担。如果你愿意陪我，我接受；不愿意，我也不会骂你"只能同甘，不能共苦"。哪天等我从谷底爬上去了，等到柳暗花明了，我能给别人幸福了，再张开双臂迎接爱情的到来，也是可以的。

看一个人的品质到底如何，也可以看他在跌入深渊时，对待爱情的态度是怎样的。

有人在被查出绝症后，就断了想找爱情的念头，再不去撩拨任何人，

独自一个人走向生命的尽头。如果有人想爱他们，他们甚至会说"谢谢你的爱，但请原谅我不能在跌入深渊时爱你"之类的话。有的人，则因为自己还没有尝过爱情的滋味、性的滋味、当父母的滋味，隐瞒自己得绝症的消息，与另外一个不知情的人结婚生子……

人性的高尚与卑劣，都在这种"选择"里了。

远离有"纠缠型人格"的人

（一）

闺蜜几年前跟一个男生相亲，两人都是第一次见面。

吃饭时大家聊得还蛮好的。吃完饭后，两人一起去逛超市，可男方居然趁闺蜜不注意，伸出手捏了一下她的屁股。当时闺蜜穿了一条超短牛仔裤，她顿时感觉自己被他捏过的那块皮肉都起了鸡皮疙瘩，从此，那男生在她心里的印象已经下到了十八层地狱以下。

闺蜜从超市出来就跟男生说："咱俩不合适，以后别见面了。"

男生很诧异："吃饭的时候不还聊得蛮好的吗？咱们还约了过两天一起去看电影。我真的蛮喜欢你的。"

男生穷追不舍，非要闺蜜给个解释。闺蜜想给媒人和男方一个面子，只跟他说："别联系了，没有理由。"那之后，闺蜜就把这男生拉黑了，而男生后来又想着法儿加了她几次。

这个事情发生在七八年前。那男生后来也离开了那座城市，回到了老家，依托父母的关系找了份还不错的工作，还升了职，但依旧单身。

前段时间，他听说闺蜜还单身，硬找媒人要到了她的电话和微信号，并发短信给她，求她通过微信加好友申请，说是自己这么多年一直忘不了她。

闺蜜吓坏了，找我吐槽："如果我们谈过几年恋爱，他说忘不了也就罢了。我和他相处的时间，总共就是吃一顿饭的时间，他忘不了我什么呀？"

我说："估计是个偏执狂，我建议你赶紧远离。这种男人，条件再好也不能要。"

被一个男生死缠烂打追求的滋味，我自己也是体验过的。

刚上大学时，我也不过十七八岁的年纪。某一次，我在自习室里认识了一个自考本科的男生。他找我借一支笔，我借了，事后就说要请我吃饭作为答谢。我想着，刚上大学，人生地不熟的，多交个朋友终究是好的，就跟他一起去食堂吃了一顿饭，可他却认为我这是向他发出了"爱的信号"。

他比我大七八岁，在北京自考本科好几年也没考上，而我是名正言顺的女大学生。对他来说，可能交一个正规大学生的女朋友，是一件很有面儿的事情。

有一回，我坐在自习室里，他突然坐到我旁边来，拿起我一绺长头发，放到鼻子下面深闻了一下。

这个举动吓到了我。

我当场像是触电了一般，弹开了八丈远，收拾起自习室里的书本仓皇而逃。

谁知道，他却把我这种表现理解为害羞。

觉察到他看我的眼神不对劲后，我开始躲着他，不接触，不联系，不回应，后来干脆搬了宿舍。可我都搬了宿舍，他还是能把我宿舍电话翻出来。我不接他电话，或是一听到他声音就挂，他就找我舍友，求我舍友给我传话。

他整整纠缠了我快两年，以至于那时候我对所有来自他家乡或是长相和他有几分相像的男生都充满厌恶感。

我用了将近两年，才彻底把他甩出了我的生活。好长一段时间，我觉得他就是我的一场噩梦。

朋友小禾也有过类似这种被纠缠的、噩梦般的经历，只不过是发生在恋情结束之后。那时候，她和一个男生有过一段很短暂的恋情。

两个人相处了不到一个月，她觉得男方性情比较阴郁，老对她疑神疑鬼的，便毅然决然地提出了分手。

男方自然是不干的，屡次三番上门找她求复合。意识到男方这种行为可能会危及自己生命安全之后，她一不做二不休，搬了房子、换了手机，可男方居然还是找到了她。

最后她做了一个无奈又令人震惊的决定：花钱雇了一个保安，每天护送自己上下班，周末出行也让保安同行。前男友跟踪了她三个月之后，一直找不到单独跟她会面的机会，后来气也消了，慢慢也就消停了。

为了能甩开那个人，她付出的代价是：半年的工资都没了。

也不是只有男生有"纠缠型人格"。有些女人纠缠起别人来，也很可怕。男朋友做不到秒回信息就生气，就找男友掰扯个没完没了的。男朋友要和自己分手，她就一哭二闹三上吊，各种对男朋友围追堵截甚至闹自杀。

一个芝麻绿豆大的事情，她能跟你掰扯几十分钟甚至几个小时，一定要逼你承认你刚刚说的某句话中某个词说得不对，或是说某句话的语气不对。

你承认了，还是不行，她还是觉得很受伤，拉着你掰扯个没完没了，而你们原本要沟通的事情，根本进行不下去，也定不了调。

关键是，对方"自觉受伤"或"自觉占不了上风"，并不是你真的出言伤害了她或是要给她一个下马威。很多时候，她感受到的所谓伤害，不过就是"被害幻想"。

当然，有"纠缠型人格"的女性，总体对他人危险性不大，她们最过激的举动也就是自杀了。大概率上，她们不至于一想不开就杀人或是朝人家泼硫酸。

（二）

时不时的我们会看到这样的新闻：被女友、前妻提分手，男方求和不成，就杀死了女方。不讨论个案，一被提分手就起杀心的男性，在数量上确实远远大过女性。

为什么会有这样的现象呢？体力上男性占优势，而犯情杀案的男性大多独占欲、求胜心、报复欲、权力瘾特别强，当他们发觉事情不按自己臆想中的方向去发展，就要以从肉体上消灭你的方式，试图让你屈服，进而获得一种已经战胜了你、掌控了你的变态快感。

这类人的目的从来都不是解决问题或达成自己想要的结果，而是赢，是要彰显"这段关系只能由我说了算"的权力感。

平等、民主、尊重？对他们而言就是奢侈品。

为什么有那么多的人无法接受感情失败，甚至被分手后要将前任置于死地呢？一方面可能与当事人本身的心理扭曲有关系，另一方面可能也和我们这个社会缺乏失败教育、分离教育有关。

成功学泛滥的时代，人人都在"争做人生赢家"，很多人从小到大并没有学习过如何体面并且有尊严地面对失败。"喜聚不喜散"的人们，只接受"天长地久""天荒地老"，没法接受"劳燕分飞""分道扬镳"。我们从小都在学习怎么成功，但少有人在教别人该怎么面对失败和分离。

没有接受过失败、分离教育的人，一旦失败、分离就很容易产生极强的挫败感和报复欲。

学业上、事业上失败，他们可能找不到具体的泄愤对象，所以失败了也就失败了，但感情失败，往往与另一个人密切相关，他们无法面对和处理这种挫败感，一旦有机缘催发，就开启纠缠模式，甚至化身魔鬼，将别人推向地狱。

有"纠缠型人格"的人，本质上不是无法接受"被拒绝"和"失败"，而是控制欲太强。他们的自我价值低，内心极度孤独，缺乏安全感。

因为内心极度虚弱，才需要靠外力确认自己的存在、自己的魅力、自己的对错。一旦对方的表现不符合自己的期待值，他们就想掌控别人的言行，让别人按照自己认为对的方式去响应自己。

内心极度孤独的"纠缠型人格"的人，一般没法自处，只能通过与他人产生联结的方式证明自己"在"。你越是搭理他们，他们越是来劲……他们哀求也好，威胁也罢，都是为了达成想控制他人、逼别人乖乖就范的目的。

超出自尊和正常限度的哀求，体现的是这样一种心理逻辑："你看我都快给你跪下了，你怎么还不答应我？你还是人吗？"而纠缠和威胁他人的心理是："你居然敢不听我的？不听我的，你就没有好果子吃。"

他们只看得到自己，却看不到别人，也不愿意睁开眼看世界。他们比常人更加无法接受失败，永远想不通"失败也是人生常态"的道理，试图用自己所谓的"努力"，扭转局势，获得成功。可越是这样，他们越容易失败。

如果不幸遇上这类人，我唯一能给出的建议就是：不要给出反应。一般的"纠缠型人格"的人，到这一步，应该也会打退堂鼓了。

一旦你有反应，对这类人来说就是"鼓励"和"邀请"，因为他们太孤独了，你的反应让他们产生了一种"你看，我还是有能力牵动对方的情绪"的感觉，他们会更兴奋。

如果说你没反应，他们可能会做出更过分的事情，逼你"有反应"，那这种人就是比较危险的"纠缠型人格"的人了。若是不幸遇上了，你要赶紧报警。

"规矩"不伤感情，伤感情的是你

（一）

一个女网友曾经这样跟我倾诉她自己的故事：

"我嫁给他之前，他父母已经帮他买好了房和车，所以，我只提出我想要一枚结婚钻戒，毕竟我周围的小姐妹都买得还不错，大概价格在2万到3万之间。其余的，我什么都不需要，而且我也说了，办婚礼的所有费用均由我家来承担。

"我提出之后，他非常生气，还说我拜金，只能同福不能共苦。又说当时他们单位有个姐姐结婚，她爱人只送了一个1000元不到的金戒指；又说如果我不提出来要戒指，他还会记得我的好，还会送我，现在我提出来了，他觉得我非常差劲。为了戒指，我们吵得很凶，现在这婚可能都结不成了。"

在这个故事中，我感觉男女双方都有比较严重的攀比心理。

"那谁都怎样，所以我也要怎样""你不答应我的要求，那你就是不爱我"，这是深植于他们内心深处的价值观。

可这完全是本末倒置。

爱和安全感，是一种深植于心的感觉，不需要靠索取来证明，也无须刻意考验。如果两个人的感情，一定要靠这些外在的东西来证明，那说明这段感情还没有成熟到可以走进婚姻的程度。

也就是说，横亘在这对小夫妻面前的问题，根本不是"买不买钻戒"

的问题，而是价值观问题、信任问题、感情问题。

在女方看来，钻戒、房子、车、彩礼、婚礼和蜜月旅行等，可能是"婆家和老公舍得花多少钱、多少心思在我身上"的证明；而在男方看来，女方主动提出来要这些，就是爱慕虚荣，像是在"出卖自己"，把婚姻当成了一场交易。

前段时间，我们公司的男同事也讨论过"男方的房产证上要不要加女方名字"的问题。大家一致认为：感情好到一定程度，男方可以主动加名。身处父权社会，女性相对比较弱势，男方可以通过这样的方式，让女方增强点儿安全感。但是，如果女方主动提出来加名，男方就会觉得心里不舒服，有种被挟持之感。

我理解这种说辞，因为感情最迷人的地方就在于，对方对我们的"好"，源自 TA 心甘情愿的付出，而不是索取。你一开始去索取，两个人的关系就失衡了。

电影《满城尽带黄金甲》中，皇帝对试图篡位的儿子说了一句振聋发聩的话："我的东西是我的，我给你，你可以接着；我不给你，你不能怨我，更不能抢。"

每个人都不喜欢被胁迫，放在"钻戒问题"上也是一样。

（二）

我个人对"婚俗"本身没什么意见。

像彩礼钱这样明显带有"封建糟粕性质"的东西，我也表示理解。

理论上来说，现代人结婚，应该是两个经济、精神独立的"成熟人"的结合。

理想状态下，应该男女双方一起买房、供房、买车，一起办婚礼，互送礼物。只要双方"你情我愿"，买不买婚房、要不要彩礼、彩礼要多少、婚礼怎么办等等，都不该是"事"。若是双方抢着付出、抢着承担义务，并且在这个过程中更加恩爱，那便再好不过了。

只可惜，这只是"理论上"；现实生活中，小夫妻办一场婚礼，可能要交涉、撕扯无数，撒狗血无数。

按理来说，一对男女在经济不独立、话语权不独立前，是不适宜结婚的；但是，实践中，无数男女在没有达到这一步之前，就要进入婚姻殿堂，于是，婚礼变成了"双方父母都要掺和进来"的一件事。

掺和的人数多了，事情就变复杂了。倘若双方以及双方父母价值观不一致，可能就会因为婚俗问题而吵得不可开交。

就拿彩礼标准来说，各地的标准是不同的，甚至住在同一个村子里的人对彩礼标准也有不同的认知。

为何男女结婚，男方需要承担的"彩礼义务"比较多呢？说到底还是因为游戏规则不公平。当游戏规则不公平的时候，参与游戏的人就只能想点儿别的办法来增加自己的赢面了。

在女性地位比较高的北欧国家，抚养孩子的成本是整个社会共同承担的，社会也会要求男方在抚养孩子方面花费比较大的精力。因此，男女双方不管在家庭还是在社会上都基本能够达成一个相对平衡的状态。而在中国，女性地位偏低，享受的权益、得到的保障也比男性少，一旦因为男人不靠谱而导致离婚，离异女性尤其是单亲妈妈的退路、出路也明显要比离异男性窄。

为了预防出现这样的情况，女性不得不在婚前预先防范，比如索要高额礼金，比如要求房产证加名，要求男方付首付，要求男方给彩礼等，给即将踏入的婚姻买一份"保险"。

不排除我们这社会中有很多女性确实唯利是图、金钱至上，但总体上，造成女性拜金、势利的罪魁祸首，还是因为"游戏规则不公平"。也就是说，如果"男女不平等"现象一直存在，如果女性在婚姻和社会中普遍弱势的地位得不到改变，"结婚要彩礼"的风俗就不会灭绝。

转型期的社会，一些父母希望在婚礼上"男女平等"。男方出了"彩礼"，女方就得出"嫁妆"。有些父母呢，则认为是"男方娶媳妇"，男方得负担所有的费用。有些父母呢，则完全不在意这些，只要小夫妻过得好，自己怎样都行。

每个人都有自己认定的"规矩""风俗"，若是"规矩"与"规矩"、"风俗"与"风俗"之间发生冲突，该听谁的呢？

我有一个朋友是做婚庆司仪的，她曾跟我这么吐槽过："定了酒店、拍了婚纱照，可最后却因为婚礼细节没谈拢而取消婚礼的男女，实在是太多了。有两亲家因为彩礼钱到底应该要 6.6 万还是 8.8 万谈不拢而互相拍桌子的，也有因为婚礼上收到的礼金的分配问题谈不拢而吵得不可开交的，还有因为一枚钻戒而取消婚礼的。"

她跟我吐槽说，男方最常骂女方的一句话便是"你是嫁人，还是卖人"，女方最常骂男方的一句话是"这点儿诚意都没有，你娶什么老婆"。总之，"公说公有理，婆说婆有理"，婚礼上只有"理"，没有"情"，看得旁人都厌烦了。这种婚，还结来干什么？早散早好。

（三）

有的婚恋关系中，男女双方也总会为一些"规矩"吵个没完没了。

比如，信息必须要秒回，睡前要说晚安，袜子脱了不乱扔。还有的夫妻，为了牙膏到底要从底部挤还是腰部挤、上完厕所后马桶盖要不要立起来吵得要离婚。

我总觉得这是一件很不可思议的事。出现这种分歧的夫妻，其实早就因为其他事情不想跟对方过了吧？挤牙膏的问题，一人一支牙膏不就解决问题了？马桶盖的问题，所有人上厕所后把马桶盖立起来不就解决了？为这种小事情吵架，到底是因为没智慧、没钱，还是根本就没心？

什么是"理"，什么是"规矩"？

"理""规矩"等等，其实都是"人"制定出来的，其宗旨是服务于"人"的。

这些东西是死的，而人是活的。

有些时候，即将要结婚的男女双方，在意的并不一定是自己多出或少拿多少钱，而是这个事情得我说了算。比起幸福婚姻，多拿了一两万彩礼，少出点儿买钻戒的钱，真的有那么重要吗？显然不是。

若是某些所谓"婚俗""规矩""公理"伤害到了"人"的感情，为何某些人还要认这样的"死理"呢？如果大家都坚持认死理，那说明"规矩"只是你们彰显权力感、争取利益的工具罢了。换而言之，"理"怎样不重要，"这事究竟谁说了算"才是双方出现分歧的根本。

有的人是真心在乎那点儿"谁说了算"的精神利益胜过在乎"与对方的感情"。这折射出的不过是他们对伴侣的不信任。对伴侣有如此深重的不信任感，对这场婚姻如此没信心，那还结什么婚？为了"完成任务"吗？

把"规矩"拿出来压人，把"自古以来或是别人家都是这么做的"这理由摆出来，不过是想彰显自己的权威，希望别人顺从自己的控制欲。这类人一旦遇到他人不肯配合的情况，就闹得鸡犬不宁。他们在乎的是家庭的和谐和幸福吗？他们只在乎自己的控制欲是否得到满足。只不过用上"规矩"这个大棒，能让他们更加理直气壮罢了。

掌控欲强到这种程度，那还结什么婚？这不是给自己的婚姻"埋雷"吗？

我真的觉得，即将或已经走入婚姻的两个人，应该对"婚姻散伙"这事有点儿最起码的顾忌。这种顾忌是：你担心这个家会散了，你更在乎那段感情，所以不愿意做任何伤害它的事。即使你跟对方产生了分歧和冲突，也愿意从善意的角度去理解对方的言行，一起去解决它、跨越它，并在解决问题的过程中，让双方的感情得到升华。

这一点，对掺和小年轻婚姻的父母们来说，也是很重要的。对孩子好的真实意义不在于"我觉得好就是好"，而是孩子过得好，我就好。

这样的父母大多会认为："规矩"不重要，"风俗"也不重要，即将步入婚姻殿堂的男女过得是否幸福，最重要。

话又说回来，婚礼也是一块"试金石"，是探析对方价值观、考察对方解决分歧能力的一次机会。

如果双方都结婚了，依然只想着自己以及自己背后家庭的利益，而不能站在一起合力维护"小家庭"的利益，那这样的婚姻还不如不结，都各自回到自己的原生家庭里继续当父母的"好宝宝"好了。

两个人可以因为钻戒、彩礼、婚礼细节的事情吵得不可开交，互相出言讽刺，那么，将来也一定会因为别的事情恶语相向、分道扬镳。那么，"取消婚礼"总比"结婚之后又离婚"好，不是吗？

不懂避嫌的男人，最讨嫌

（一）

一个朋友曾找我吐槽过这样一件事：她和闺蜜比较要好，有时候闺蜜搬家什么的需要帮忙，她就和丈夫一起去。

看闺蜜单身，一个人在这个城市生活也不容易，她就跟闺蜜说，如果需要帮忙的话，随时开口。就这样，闺蜜有事无事就直接发信息给她丈夫，请她丈夫来帮忙，有时候是帮她抬重物，有时候是帮她重装电脑系统。

她丈夫也不避嫌，屁颠颠地就只身上门去帮忙了。事后，不管是闺蜜还是丈夫都没告诉过她，她丈夫有去闺蜜家帮过忙的事。

有一次，她丈夫说漏了嘴，她觉得心里不舒服，就质问他，为什么事前没有和她商量，为什么自己是最后一个知道有这么回事的。她丈夫回答说，不敢跟你说，是怕你小心眼儿。

听了这话，她更加生气，她回答："就是因为你们两个人瞒着我，不告诉我，所以我才会生气，才会多想。假如你们当中任何一个人跟我说一声，我至于小心眼儿吗？再说她是我的闺蜜，完全可以通过我来找你，现在，反倒弄得好像我是个外人。"

更令她郁闷的是，她丈夫一转头就把她为此事生气的事情跟她闺蜜说了。当她看到丈夫和闺蜜的聊天记录，两人都异口同声地说她"想太多""小心眼儿"时，更是气得不行。

那一刻，她觉得像是"哑巴吃了黄连"，甚至没法再去质问丈夫和闺蜜，因为他们会回答她："我们又没有暧昧，没有产生感情，没有勾三搭四，更没有肉体关系，你瞎吃什么醋啊？"

案例中的这个丈夫，做得最差劲的一点是：他的所作所为给了妻子一种"我才是外人"的感觉。在某些时刻，他和妻子闺蜜才是"同盟"，完全把妻子排除在外。这位丈夫和这位闺蜜，都犯了一个非常讨嫌的错：不避嫌。

（二）

我认识这样一个男老乡也是个很不懂得避嫌的人。他自己已经结婚了，但每次在饭桌上遇到女性朋友，总开一些不合时宜的玩笑，比如"要不你跟你丈夫离了婚，嫁给我啊"；又或者，总爱做出一些有失体面的肢体动作，比如搂住异性的肩膀。

还有一次，饭桌上一位最漂亮的美女要夹一块肉，他想搞恶作剧，竟用自己的筷子夹住了那个美女的筷子。被他拦截夹菜的那位美女一愣，尴尬而又不失礼貌地笑了笑，停止夹菜。随后，她故意将筷子弄掉在地上，让服务员换了一双新筷子。

他从来不觉得自己的言行有什么问题，但跟他接触过的女性往往鸡皮疙瘩掉一地。每次他出现，人们都对他退避三舍。

每个人的心理洁癖不同。一个人避嫌的"度"在哪里，因人而异。同样的事情，在这个人眼里是不妥，在另外一个人眼里就是"正常"。在避嫌这事上，我的看法是：宜紧不宜松。

前几年，网友们讨论过一个问题：男人的副驾驶位到底要留给谁？

在一些人眼里，车是男人的另外一个家，副驾驶位一定是要留给女主人的，因为副驾驶是离驾驶室最近的地方。在另外一些人眼里，副驾驶位是最不安全的一个座位，自己不愿意坐，也不想让自己的家人去坐这个位置。很多人坐副驾驶位，是为了方便跟司机聊天，并不是为了谈情说爱。

对于这个问题，我的态度和做法是这样的：我无所谓别人坐不坐我的副驾驶位，也无所谓别人坐不坐我伴侣的副驾驶位，但是，如果我坐已经有伴侣的男人的车，而车里只有我和他，那么，除非后座堆满东西、需要坐前排指路等特殊情况，否则我几乎从不坐副驾驶位。

我倒是不介意，但如果别人介意呢？若我的言行举止会让别人产生"介意"的可能，那我还是不坐了，反正坐不坐副驾驶位，都不影响我的坐车体验。

排除地震后被埋废墟下、野外遇险等只能以生存为第一要务的极端情况，我尽量也不会跟除爱人外的异性共用筷子、吸管、牙刷，不吃他们吃过的食物、喝过的水。

在我的观念里，懂得跟爱人以外的异性避嫌，是一个有素质的人必备的修养。而那些懂得避嫌的男性，总能赢得我更多的好感。

有一年，我单枪匹马跑去找嫁去澳洲的闺蜜玩。

住在他们家，难免会和她那个老外老公打交道。

在相处的几天时间里，我觉得她那个老外老公在避嫌这方面做得非常值得人称赞。

某天傍晚，我想去看袋鼠。袋鼠经常出没的林子，需要开车过去，但我没有国外驾照，没法开闺蜜家的车。闺蜜当时忙不过来，就叫他老公带我去。我第一反应是带上她家三个孩子一起去，结果她老公说"不带"。

我心想："我跟闺蜜老公单独去看袋鼠，这不大好吧？"我踌躇着，搜肠刮肚地想要怎么用英语表达"等闺蜜忙完了再一起去看袋鼠"的意思。

她老公大概是猜到了我的顾虑，然后跟我解释："如果带孩子们去，他们看到袋鼠会尖叫，然后袋鼠就被吓跑了。"我这时才会意，坐上了车后座，跟他一起出去看了半小时的袋鼠。

在闺蜜家的那几天，她老公从不会出现在只有我一个人在的房间。他也会教我们玩桌游，但自始至终都有闺蜜在场。在我面前，他和闺蜜才是一体的。

闺蜜的老公也写书，我问到澳洲出版业的情况，为了更直观地向我展示出版流程，他准备打开电脑演示操作给我看。放电脑的房间离客厅比较远，如果我要跟着过去，就不可避免地单独跟他待在一个房间。接下来，他在带我去之前，先跟闺蜜打了声招呼，说明要带我去电脑房做什么。

那一刻，我心想："什么叫素质啊？这就是！"

在这方面，连我妈这样一个农村妇女都比某些有知识、有文化的女性做得好啊。

早些年，我爸在外打工，常年不在家。某天，隔壁有个叔叔的手不小心戳进去了一根长刺，他自己挑不出来。他老婆当时不在家，乡村卫生院又很远，就找到我妈，希望她能帮这个忙，用绣花针帮他把手上的刺挑出来。

帮人挑手上的刺，自然免不了会碰到对方的手。人家找上门来，估计也是自己搞不定了，如果不帮又显得自己不近人情。让那个邻居叔叔拿着个绣花针，去找个大男人挑刺，那场景也挺怪的。

我妈就引邻居叔叔走到村里人聚集得最多的小卖部门口，说那里光线最充足，然后在大庭广众之下帮他把刺挑出来，半开玩笑半认真地说："我现在帮你挑刺了啊！你媳妇儿看到可别吃醋啊。"

现场几个人跑上来围观了一下那个邻居叔叔的手，讨论了一下那根刺的深浅，大家嘻嘻哈哈一笑，七嘴八舌给他建议，这事也就轻描淡写过去了。

（三）

一个人不懂得为爱人避嫌，说到底还是因为不够在乎伴侣的感受。

一个不管做什么事都会想到要照顾别人感受的人，几乎从来不会在该避嫌的这种事上犯糊涂。排除可能会危及生存和健康的情境，其他情境下你多拿一个汤碗、多拿一个勺子、多拿一个吸管又不是多麻烦的事，干吗就那么"不计较"地跟异性共用呢？

你若是当真跟其他异性没什么暧昧，你去帮他（她）的忙或是跟他（她）有肢体接触，干吗非得背着伴侣呢？跟伴侣商量、报备一下，并不麻烦，还能增加伴侣对你的信任。

我有一个朋友的丈夫在婚后还收到过几封情书，他一封不落地拿回家来给我朋友看。我朋友很淡定地跟丈夫一起看完了所有情书，然后两个人再手牵手出去吃饭。

这位丈夫把异性写给自己的情书带回家给老婆看，一方面是向老婆坦白自己面对诱惑什么也没做，另一方面或许也藏了点儿"你看，大把人喜欢我"的小心机、小傲娇。可贵的是，他具备一个已婚男人的基本修养和底线：对妻子坦诚相待，不屑于玩暧昧。

是否接受伴侣之外其他异性送出的好意不重要，"让不让伴侣知情"才是底线。意识到第三人的行为可能有点儿不得体，碍于面子做不到当场避嫌的话，"让伴侣知情"便是另外一条兜底线。你让伴侣知情，那么，即使你接受了好意，伴侣也会觉得你把他当自己人。倘若你凡事瞒着伴侣，那你接受别人好意这个行为，就变成了你和第三人之间心照不宣的秘密，伴侣反而成了外人。换谁心里能舒服呢？

当然了，有些人不懂避嫌，不是真不懂，不是"神经大条"，往往只是因为不想避。

越是自卑的人，越需要仰慕者。真避嫌了，上哪儿去找这些仰慕者呢？人家人在伴侣身边，心已经狂奔在出轨的路上了。

"结不了婚，也分不了手"怎么办

（一）

有整整三年的时间，晓静和阿林一直处在一种暧昧不清的状态。

那时，晓静已经 28 岁。她想结婚，但阿林既不想跟她结婚，也不想跟她分手。

那是一段偷偷摸摸见不得光的关系，晓静觉得自己活得像个小三，但她实际上不是小三，阿林未婚，除了晓静之外没别的女人。

有几回，晓静跑来跟我哭诉，哭得梨花带雨。

那天，她把电视剧《奋斗》里这段台词发给了阿林：

"我希望在我的人生中有某种稳定下来，叫我不在上面浪费时间和精力，叫我能够得到休息和鼓励，我要一天一天清楚地生活，专心地干事业，而不是像现在慌慌张张的。我需要你的温柔，我要我们在一起，痛痛快快地去做决定，然后就为我们的梦想而努力奋斗。不再猜忌，不再等待，不再焦虑。"

阿林看后，回复了两个字：矫情。

这两个字像子弹一样贯穿了晓静的心，她哭得稀里哗啦。

哭完，她跟我说："每当我从他那里感觉到他对我的关心和照顾，我就想跟他一起走到最后，但他总是拿出我的缺点、我和他之间的差异说事，并且一而再，再而三地告诉我，我跟他在一起不可能幸福。他说的我的那些缺点，我真的有努力地改过。他说的我和他之间的差异，我也有努力地尝试变小过。我希望他能看到我为他做出的努力和改变，但没用，这些差异变小了，这些缺点改正了，新的差异和缺点又在他嘴里冒出来。"

我问她："那你打算怎么办？"

晓静叹了一口气说："你也别叫我晓静了，叫我小贱吧。"

我一听她这话，就知道她当时没想好要跟阿林分手。

晓静不是没有尝试过去相亲，但因为心里有阿林，没办法对任何人敞开心扉。

阿林知道晓静心里依然有他，就像是吃了一颗定心丸，拿到了一张底牌，更是把"既不结婚，也不分手"的作风发扬光大，把晓静弄得遍体鳞伤。

晓静也不是没想过要离开，但她每次提出分手，阿林就会跑来挽回。阿林一来挽回，晓静也就心软了。

她给阿林下过无数次"要么结婚，要么分手"的通牒，但她根本舍不得分手，而阿林又不愿意结婚。于是，两个人就这么相处着：她想往前一步，他就逃；她想逃走，他就追上去……

我问晓静："你有没有想过，其实他只是当你是性伴侣？男人对待不喜欢也不讨厌的女孩，最常用的方式就是暧昧。"

晓静不愿承认："可跟他在一起的时候，只要我不提结婚这件事，我是能真切地感觉得到他很爱我，对我也很好。"

我说："那你干脆'骑驴找马'吧。就把他当备胎用着。多好。你那么着急结婚干什么呢？结婚对女人来说，很有可能会让你的幸福感下降。"

晓静回答："我心里没法同时放下两个人。"

晓静跟阿林就这样纠缠了三年的时间，但后来她还是被一件小事压垮了，毅然决然地跟阿林提出了分手。

那时，阿林跟父母住在一起，是郊区一套有前院有后门的别墅。爸妈不在家时，他也会邀请晓静去家里玩。

有天，阿林的父母突然回来了，他竟让晓静躲起来，再让她趁他父母不注意时，从后门溜走，晓静就是在那一刻，才认清了阿林对她的"爱"

到底有几分。

这场分手，晓静下了最大的决心，忍着疼痛，独自挨过了失恋后的漫长苦痛。

阿林后来结婚了，在跟晓静分手后的一年内，而晓静今年已经 33 岁了，仍旧单身。

她说，上段感情让我元气大伤，我还需要休养生息。现在，我一个人过也挺好，不想再爱了。

（二）

晓静遇到的情况，绝不是特例。

现实生活中，有很多"结不了婚，也分不了手"的恋情。如果双方都有这种"不结婚"的意思，那这样的相处模式无可厚非。只是，在这种情感模式中，如果其中一方是"想结婚"的，那这种关系对另一方而言就会很痛苦了。

一个四十几岁的离异男人，跟一个二十来岁的姑娘好上了。两人相处了六年，女方想结婚，但男方惧怕婚姻，不想再走进围城，双方就这么展开了拉锯战，后来女方将近三十岁了，不想等了，斩钉截铁提出了分手，转头嫁了人。

还有一个姑娘找了一个比自己小七岁的男友，两人相处了七年。男方既不愿结婚，也不肯分手，说自己是"不婚主义者"，只想和她保持同居关系。女方过了四十岁，男方以家人反对为由，跟女方提出了分手。两人分手后一年，男方找了一个同龄女孩结了婚。

在另外一个故事中，想结婚的是男方。男女双方在同一家公司的不同部门，在一起好几年了，男方很爱女方，特别想和她结婚生子，去过世俗的家庭生活。

女方呢？年纪比较小，也比较爱玩，她觉得自己还没到结婚年龄，不想就此安定下来，拒绝结婚，也不愿分手。两人到现在还处于拉锯状态中。对这段恋情的走向，我并不看好。

在这几个案例中，不想结婚的那一方，毫无例外地"不想分手"。一旦对方提出分手，他们就死缠烂打，使尽各种手段把对方给追回来。若是对方有任何想要跟其他人"试试看"的意思，他们更是坐立难安，像是被抢走玩具的小孩一样，费尽心思地要把"玩具"抢回来。

有时候，我也在想：这种游戏，难道很有意思吗？

成熟而负责任的人，不会对伴侣使"既不结婚，也不分手"这一招。结婚还是分手，不过就是一句话的事情，黏黏糊糊、叽叽歪歪算什么事呢？

我们有必须要做的决定，必须要选的道路，和由此通向的不同的人生。不愿分手的人，大多存在一种侥幸心理：这个问题，我不去面对和解决，它自然会呈现出一个答案。我不主动做选择，而是让别人替我做出选择，那我就不需要承担做选择的后果了。

结果呢？事情变得越来越糟糕，甚至无法收场，置身边人于不义。最后他还可以双手一摊来一句：弄成这样不是我的责任，我可什么都没做过。

热衷于玩"既不结婚，也不分手"游戏的人，到底是怎么想的呢？大概率上，他们不是不想结婚，只是不想和你结婚。换而言之，他们只是想"骑驴找马"，而你是那匹可悲的"驴"，是他们在某个阶段"将就着用"的备胎。

指望着他们在结婚后对你更好？基本上不可能，因为你根本就不是对方的"菜"。谁会珍惜一盘只是拿来垫肚子的"备菜"？人家说不定还会把吃不上"大餐"的原因，都赖到你身上。

我一个朋友跟男友就这样相处了很多年，后来她给他下了最后通牒：要么结婚，要么分手。男人沉默了几天，最后选了"结婚"。结婚后，两人两地分居，过得并不幸福。

有时候，我和她一起从外地旅游回来，很晚才到机场。坐在回城的大巴车上，她很失落地跟我感慨："我们没有吵架，但我出去一个星期，他一个电话都没给我打过、一条短信都没给我发过。"最终，她和他的这段感情还是以离婚收场。

她后来跟我说："我觉得自己就像是一个硬塞给他的一个礼物一样，他要得不情不愿。我挺后悔当时跟他结婚的。"

那些需要你下通牒"要么结婚，要么分手"的人，婚后突然大变样的概率非常小。除非对方恐婚的原因是单纯恐惧婚姻，而不是恐惧你。

我们看上一个玩具、一套衣服，也会想着把它买回家，更何况是对一个人呢？

那些看到橱窗里的玩具、衣服后，犹犹豫豫不想买单的，大多认为眼前那个玩具、那套衣服不值得自己花大价钱，只是刚好遇上打折机会，他们觉得这便宜"不占白不占"。

那些骨子里不是不婚主义者但对伴侣持"既不结婚，也不分手"态度的人，也一样。潜意识里，他们大多认为伴侣配不上自己，又舍不得放弃对方对自己的好。

如果你身处在这样一段暧昧模糊的关系里不肯离开，那就相当于你给了对方伤害你、折磨你、拖垮你的机会。你的时间、你的尊严就那么不值钱吗？

你放眼去看看，哪里都是排队的人们。无论你是谁，淹没在人海里，也是"等待"一枚。而拖延，是这个世界上最不动声色的拒绝。

你要学会读懂对方犹豫、拖延、纠结背后那醒目的四个大字：我不愿意。

随着年龄的增长，你会越来越体会到人生是何等的短暂，而且这时才越发感觉到时间是那么宝贵。这些时间，你不拿去成全和提升自我，而是去做别人的备胎，会不会有点儿可惜？

我知道每个备胎都是做好了悲壮到底的心理准备的，也会不自觉地美化自己这种行为，说得好像为情所困就显得更加高尚、伟大一样。可事实上，这或许不过是太有"情执"和不够自爱罢了。

我清晰地记得，晓静被阿林耗着的那几年，无数人劝过她放手，但她就是不甘心。她总是幻想，只要自己心够诚、行动够努力，就一定能得到阿林的心，两个人就一定能过上安稳幸福的生活。

那时候，我和晓静的一个共同朋友凡哥，看了晓静的状态后，非常担心。

在我们三个组成的小 QQ 群里，他毫不客气地奉劝过晓静这样一段话：

"你不是他的奴隶。本质上，你们两个无法长久在一起生活。你们在一起只能有一种条件，那就是你要无条件地服从他，而且要一生无怨无悔，但你是这种人吗？这一点你若是做不到，就别在这里浪费自己的时间了。而且我告诉你，无论你天分多高，在年轻的关键几年，你若是长久不务正业，沉溺于这种低质量的感情关系，那你会被别人远远超越的。

"你难道没有发现吗？跟他纠缠的这几年，你变得越来越不可爱、越来越不自信、越来越没魅力了。如果你一直以你目前这样的心态维持与他的关系，那你就是男人心里最想摆脱的讨厌的女人，将来你一定为第三者折磨死，你的未来就是会被他更快地抛弃。而那时的你，一无所有。也许我言重了，但我已经不知道如何帮你了。"

看完凡哥说的这段话，我在私聊对话框里给他发了一个大拇指表情。

可是，我们还是没能"点醒"晓静，她依然无法割舍掉与阿林的那段感情。

晓静后来是自己想通的，我只能感慨：看来，很多事也需要机缘。还好，她想通了。

不过，话又说回来，在这种关系中，看起来掌握主动权的是"既不想结婚，也不想分手"的那一方。但实际上，一旦没有人再陪他们玩这种无聊的游戏，被动的反而是他们。

两个人拉着皮筋的两端，把这条皮筋越绷越紧，一旦有人先放手，后放手的一方可能就会被这条皮筋打疼。

"既不结婚，也不分手"那一方，之所以热衷于玩这种游戏，是因为对方是爱得更少的一方，能从这段关系中得到更多的好处。也正是因为对方舍不得放弃这种"优势"地位，才会想把这场拉锯战进行得那么久。

一旦你不愿意再陪对方玩了，那么，恭喜你，朋友！你已经获得了自由，掌握了生活的主动权。投鼠忌器的样子，总显得患得患失、畏畏缩缩，一旦你真的不在乎那件所谓的"器"了，你的人生就会豁然开朗。

CHAPTER 04

强大
之
意识篇

结婚要尽晚，离婚要趁早

不管男女，到了一定年纪都有被长辈催婚的经历。

男性还好，女性一旦过了二十五岁，就被不停催促"要早点儿结婚啊"，仿佛这个年纪之前不把自己嫁出去，就意味着人生失败，意味着成为人见人嫌的滞销品。

某综艺节目中，一个女明星被自己的妈妈催婚。被问得烦了，该女明星就问妈妈："那你是希望我现在随便找一个结婚然后再离婚，还是六七年之后晚婚，但一直过下去呢？"没想到她妈妈说，宁可让女儿先结婚再离婚，也好过晚婚当剩女。

此番言论一出，舆论一片哗然。

长辈们催姑娘们早点儿结婚，无非是基于以下几个理由：

年轻时候，是女人最漂亮的时候，这个时候穿上婚纱，可以实现自己的公主梦。一个没生养过孩子的女人，她的人生是不完整的。还有就是，女人一过三十岁才怀孕，就成了高龄产妇，对孩子、自己的身体都不好，所以应该早点儿结婚，早点儿生子。再说了，女性年龄一大，择偶时可选择的范围就变小了，好一点儿的男人都被抢光了。

首先，我得承认，这是一种无奈的现实。这些思想之所以能成为主流，是因为背后蕴含着一种逻辑：女性在婚姻中的最大资本就是性价值和生育价值。而跟这二者息息相关的，便是年龄和颜值。于是，处于适婚年龄的女性似乎普遍存在这样一种焦虑：如果不趁年轻占领一张长期饭票或"霸个位"，年纪大了就根本没人搭理你了。

从理论上来说，当你遇到一个与你两情相悦的人，你会期待与他有一个共同的家，相依相伴，快乐一生，向往与对方步入婚姻殿堂。其实，不管在什么年纪，你都可以踏入婚姻殿堂。人们说"没有该结婚的年纪，只有该结婚的感情"，大概也是这个意思。

可是，结婚是不是一定要趁早呢？

（二）

年轻姑娘总有一种幻想：结婚是幸福的开始。结了婚，王子和公主就幸福地生活在一起。可生活的真相是：结婚只是考验的开始。都说"相爱容易，相处太难"，结婚之后大部分时间都在过日子，不能光抱着爱情纯情地喘气。

在很年轻、不够成熟的时候，我们因为懵懂，因为好奇，可能会对伴侣、对婚姻有过高甚至是不切实际的期待。我们相信一切美好，相信能跟对方一起到老。可是，步入婚姻之后，我们却要面临诸多现实问题，比如，忙碌却不见涨薪的工作，狭小却价格不菲的房子，家庭的开销增大，全家人的衣食住行，孩子的教育问题，双方的父母等等。

太早结婚的话，你能确定你的心智足以应付得了这些问题吗？如果应付不了，你要知道的是：一段失败的婚姻，带来的不仅仅是当事人身心受伤，还会牵扯财产、孩子的归属问题，影响深远。

不管男女，在心智尚未成熟时，对自己、对伴侣、对婚姻还没有足够的认识和领悟力，就匆忙走进婚姻殿堂甚至生下孩子，结果不一定是美满的。

社会学家保罗·阿马托在《一起孤独：美国婚姻的变化》一书中说，在年龄大一些的时候相识和结婚，会提高婚姻的成功概率，因为三十多岁的单身人士更自信、感情上更成熟，他们的结合会比年轻夫妻有更高的存活率。相对于二十几岁的早婚，年龄较大结婚的夫妻考虑离婚和婚姻出现问题的可能性较小。

三十一岁任美国洛杉矶副市长的美籍华人陈愉写过一本《30岁前别结婚》的书，她直言："我们都必须承认，我们成长、认识自己，得到稳定生活都是需要时间的。神经医学家认为大脑的发育要到三十多岁才会完全，这意味着当你觉得自己还不成熟的时候，那可能是对的。所以，不要跟一个错误的对象过早结婚，这会令你无法遇见自己的灵魂伴侣。而就算你跟对的人在一起，如果你没有准备好，你不会知道，他也不会知道。很多时候，年轻是幸福婚姻的头号障碍。"

有研究发现，二十多岁女性生孩子不患唐氏综合征的概率是99.95%，首胎不孕的概率是11%；四十多岁女性生孩子不患唐氏综合征的概率是97.0%，首胎不孕的概率是27%。而这些，远远小于因为过早结婚而离婚的风险。

我国婚姻法规定男性可以结婚的年龄为二十二岁，女性为二十岁，但我们活到这岁数，只是拥有了结婚的资格，并不等于我们已经拥有了经营婚姻的能力。一个太早结婚的人，就像是一个医学院毕业的学生，还没有任何临床经验就直接操刀去做手术……不是说不行，但其中的风险可想而知。

有一次，一个网友跟我说："你女儿二十岁之后就会想找男朋友了，如果二十六岁还没有男朋友，你就该着急了。"我回复说："谈恋爱是她自己的事，我这个当妈的只需要尽好当母亲的责任就行。既然是她的事，我着什么急？上什么火？即使女儿一定要把自己的人生当成考卷一样来完成，到了某个时间节点她还没完成某道题，那么，该着急的人也不是我。更何况，人生不是考卷，生活没有考官，我们也不是为了答对题、拿满分而活。"

我们这一代人，因为到了某个时间节点还没完成世俗标准里的"人生任务"，而被父母的"逼婚逼生"烦得掉头发的人还少吗？这种干涉儿女婚姻自主权的风气，我为什么要把它当成优良传统延续到下一代身上呢？

父母催促儿女结婚生子，从某种程度上来讲，是为了实现自己对子女人生的掌控欲，让子女按照自己认为对的、幸福的方式去生活，却不曾问问子女们究竟最需要什么。

长期以来，婚姻被视为人们实现阶层进阶或是"强强联合"的方式。两家人联姻了，双方的交际网、资源交换池会扩大，每一个人都可以从中受益。很多父母催子女结婚，是看到了这些"利好"。

表面上，他们是为了子女的幸福着想，但其实他们也是有点儿小私心的，有时是为了"让自己看得惯"，为了"让自己在同龄人面前长面子或不低人一等"。

热衷于催婚的父母，往往也会热衷于催生。

催生的目的一方面是为了所谓的传宗接代，让自己的基因在地球上延续下去。另一方面是替儿女觉得"只有生了孩子的人生，才完整"。

每个人做每件事情都有"利好自己"的动机，但不是所有人都愿意承认。于是，打着"我是为你好"的旗号来催婚催生，就显得"无私"多了。

即使子女们结婚了以后又离婚，也要催子女先结个婚的父母，大多忽略了结婚这事也暗藏风险。真正会为儿女着想的父母，会尽力帮子女避开大坑，提高结婚后过得幸福的概率，而不会催促子女"为了完成任务而结婚"。

（三）

现实生活中，我见过太多因为扛不住父母的逼婚而引发的悲剧了。

给我讲故事的阿兰，从二十五岁开始，就连年被父母逼婚，到了将近三十岁那年，她扛不住父母施加的巨大压力，经人介绍，她嫁给了前夫。

夫妻俩都想在三十岁之前结婚，给父母一个交代，很快就将婚事办了。婚后，她很快发现丈夫暴戾的一面，稍有不顺心就对她拳打脚踢。在那段婚姻里，她忍耐了十年，最后才下定决心起诉离婚，可这婚离得一点儿都不顺利。男的几次三番对她和她的家人进行人身威胁，在法庭上各种撒泼耍混，甚至宣称要跟她同归于尽。

从这段烂死的婚姻里爬出来，她元气大伤、筋疲力尽。

从经济学的角度来考量，这桩婚姻对她而言是严重亏损、资不抵债的。她只得到了一个需要她抚养的孩子，丧失的却是金钱、事业发展机会，还有对男人、对婚姻的信心。

秋葵小姐从日本留学回来后，也是遭遇了父母的逼婚。父母天天在家里唠叨，她听烦了，就把结婚当成了人生中一个必经程序，想着自己若是早点儿给父母一个交代，就少被父母唠叨几年。

就这样，她和丈夫见了三次面后，就结婚了。她曾问过丈夫为什么结婚，她丈夫回答："别人都结婚了，我也得结婚。"夫妻俩似乎都只需要一个婚姻的形式，只需要结个婚向父老乡亲交代，结完婚就该各干各的去了，可这样的婚姻怎么可能幸福呢？

两个人磨合了两年多，还是没法让感情更上一层。倒是因为些鸡毛蒜皮的小事，从动嘴到动手，家庭大战打得好不热闹。秋葵小姐觉得那样的日子没法继续过下去，于是提出了离婚。离婚之后，她选择回到人脉积累稍微广的日本重新来过。

一切又回到了原点，秋葵小姐能从那段婚姻里得到的，不过是一个离异的身份以及一点儿教训。

类似的案例，数不胜数。

我知道，当你超过二十五岁，当你到了三十岁还没有对象，父母可能会对你开启高频次的催婚模式。顶得住的，就坚持己见，一定要等到那个合适的人出现才结婚；顶不住催婚压力的，可能会这样想："我真是厌倦了恋爱的生活，也受够了父母每天这样的催婚。看别人都结婚了，那要不我也凑合着结一个吧。结婚之后，就再没有这些破事了。"

问题是，结婚并不是解决问题的手段，它只是两个人情感发展到一定程度后产生的结果。而这个结果，是另外一段旅程的开始。

结婚也不是一件一劳永逸的事，它只是一个新的起点。结婚之后，你要承担的责任甚至要比婚前多得多，你要学会处理的矛盾比婚前要复杂得多，你要面对的困难可能比婚前要棘手得多。特别是到了"上有老，下有小"的阶段，几乎是一场艰难的突围战，你若不是真爱那个人，不具备"打怪升级"的智慧和能力，婚姻这辆车随时可能会翻车，翻车后果可能会十分惨烈。轻则有心灵创伤，重则可能让你丧命。

我们每个人都可以向往婚姻的幸福，因为幸福婚姻的确值得向往，但是，每个人也都要有能力看到婚姻那扇门背后可能暗藏的风险，然后尽力避免。

太过年轻的时候，我们心性不定，很容易踩到坑。学习爱的路上，总有一个馅儿饼等着你，而馅儿饼下面往往就是陷阱。

等你自己真正成熟了，你知道自己想要什么、不想要什么，你的内心也坚定、强大、成熟多了，这时候你才能大概率上选对人，找到那些靠谱点儿的、适合自己的人。

正如你所知，在婚姻这事上，选择比努力更重要。你选对人，事半功倍；你选错了人，做再多的努力，最终也会满盘皆输。

这就是为什么我建议大家"结婚要尽晚"，哪怕是三十岁后再结婚都不迟。

我自己也是有女儿的人，我不想对她催婚、催生，我会告诉她：走你自己的路，让那些觉得"不早点儿下手，好男人都被抢光了"的人焦虑去吧。俗话说："好饭不怕晚。"如果结婚不能让你幸福，那么你多早结婚我都不会开心；如果结婚能让你幸福，那么你多晚结婚都没关系。你幸福与否，比结不结婚对我更重要。

（四）

结婚要尽晚，但离婚呢？我个人的建议就是要"趁早"。

一个网友，站在是否要离婚的路口时，曾经向我求助过。

她的丈夫自被公司裁员以后，就下定决心要创业，要闯出一番名堂给原先的老板和看不起他的人看看。他拿了她的积蓄去投资，却血本无归。之后，他又在网上到处找项目，每天都在做一夜暴富的美梦。家里家外就她一个人撑着，他以"创业很忙，需要全家鼎力支持"为由，很少承担家庭义务，连酱油瓶倒了都不扶。

她称自己这种状况为"婚内被单身"，即 Married but Alone：已婚，但还是一个人。一个人吃饭，一个人睡觉，一个人逛街，一个人上医院，一个人带小孩……

她说："除了拥有一纸结婚证，我觉得我跟单身女人没什么两样。即使周末夫妻俩同处一室，但也相敬如宾，就跟两个合租者一样。七年了，我们相处的状态是——没有感情，懒得离婚。"

后来，她看到丈夫就难受，完全接受不了对方。即使孩子已经五岁，她也很难产生"有家的感觉"。她的婚姻早已形同"鸡肋"，可长期处于不开心状态的她，在离婚还是不离婚的问题上，还是纠结不已。不离婚"水深火热"，离了婚就很可能"孤寡一生"，再牵涉孩子，实在是难以决断。

身边的朋友，有人劝和，有人劝离，每个人都说得很有道理，而她始终不知道该向左走还是向右走。

她的父母、亲戚都在劝她别离婚，大家的理由惊人的一致：又不是什么原则性的大毛病，忍一忍也就过去了。说不定他哪天就创业成功了呢，那你不后悔死了？他离婚了，可能有很多年轻的女孩子想嫁给他，而你带着个孩子谁要你？还有你自己就没毛病吗？你也该反省反省自己，是不是要求太高了？还有孩子问题，你这么一离，孩子以后就成长在不健全的家庭中了，而且你不怕孩子恨你吗，长大以后说你是嫌爸爸穷所以离开他的？

她被这些建议搞得左右为难，只是对她"是嫌弃他穷所以才想离婚的"这一点表示无法接受，因为他们两个人刚开始谈恋爱的时候，他比现在更穷。

她说："他没有出轨，也没有对我实施家庭暴力，原则性的错误他基本没犯，只是赚不来钱，又不想退回去做家庭煮夫，赚钱养家、照顾家庭和孩子的重担全压在我一个人身上。我们两个现在就是无性婚姻，精神上几乎没有任何交流，很多时候我跟他待在一起，比我一个人待着还孤独。有时候，想到他有时候对孩子、对我父母还挺好的，而我只是在这段婚姻里感到不幸福就想离婚，是不是太作了？如果真的离了，孩子就成长在了一个不完整的家庭里，到时候他可能连送孩子去幼儿园都不肯，我的日子会更艰辛……"

她问我："我该怎么办？我是不是真的太作了，对男人、对婚姻要求太高了？如果我离婚了，是不是根本就不可能还会有人喜欢我，毕竟我现在年纪不小了。"

从她跟我的对话里，我只是嗅到一种熟悉的气味，一种我曾经也有过的、认为自己可能真的一无是处、只配跟这个男人纠缠下去的熟悉气味。

一个不幸福的婚姻，对一个女人最大的伤害并不在于她需要背负很重的担子，而是：它会慢慢摧毁一个女人的自信，让她陷入无尽的自卑、自责和内疚。长此以往，她会认为：一定是因为我不够好，所以他才不肯体谅我的辛苦，不肯照顾我的感受。一定是因为我不好，所以才会遇到这样一个人，过着这样的婚姻生活。久而久之，她会失去对痛苦的感知力，渐渐变得麻木，甚至会觉得这样的生活才是正常的，别人也都是这么过来的。然后，木然地度过了无生趣甚至疲惫艰辛的余生。

其实，我很不愿意回答这类人生疑惑，因为我觉得我自己并不具备给人答疑解惑的智慧。经验我没有，教训倒是一堆。很多时候，我们想用别人的智慧、经历去答疑解惑，其实是行不通的，因为每个人人生的掌舵者，只能是自己。

我只是给了她这样一番建议："决定你离婚以后过得好还是坏的，是你内心是否足够强大，还有你的钱包是否足够丰足。每一种选择都有利弊，你自己能承担就好。至于孩子，看起来确实像是离婚的一个障碍，但这个障碍总是要迈过去的。不管你迈不迈得过去，不管你是否离婚，现在孩子已经成了无辜的牺牲品，你自己也成了不幸婚姻的牺牲品。怎么选择，都是纠结，但有一点是肯定的，学会尊重孩子，也要相信他自身成长和修复的力量。也许他现在还不能理解父母的选择究竟意味着什么，但是在爱和亲情的包围下，孩子也会逐渐展现出自己生命的价值感，而不必纠缠在父母的关系里惴惴不安。"

这位朋友向我求助的时候，已经在这样如活死人墓一样的婚姻里待了整整七年。她真正下定决心离了婚，是在上个月。

"离婚真的要趁早。"这是她对自己这段长达七年的纠结的总结。

她说："挥别错的，未必就能和对的相逢，但至少我现在活得不再痛苦。单身生活没有我想象中的那么难，大部分时间我过得很充实。我变得自信了，感觉像是又重新掌控了自己的人生。每次想起那纠结的七年，总觉得很浪费时间。那些纠结的时间，我拿去做什么不好呢，却偏偏都花在了纠结上面。我们那时候对对方其实已经不剩多少感情了，与其捆绑在一起过一种无望的生活，不如相互放手，各自去开辟另一片天空。毕竟往后的路还很长，毕竟人生只有一次，像活死人一样过下去这辈子太亏了。"

我同意她说的"离婚要趁早"这话，因为如果一段婚姻对双方而言都只剩下痛苦，而且毫无挽回、补救的可能和迹象，那么，晚离婚真不如早离婚，因为就那么耗下去百害而无一利。

你在婚姻中过得痛苦或者不幸福这一事实，不会因为时间的推移而发生根本改变；夫妻同床异梦、貌合神离，对孩子而言也是一种伤害，他长大以后可能也不希望父母是为了自己不离婚。

说俗点儿，早离婚，你可以有更多的时间去找更合适的伴侣。即便一直找不到也没关系，至少你能找到自信，找回自我，让生活重新充满希望。

（五）

当然，世事不绝对。

我身边也有些早早就步入婚姻，然后两个人一起在婚姻中成长起来，十几年过去依然过得很和美的夫妻。也有两个人都很晚才步入婚姻，但过着过着就两看相厌，然后分道扬镳的。有那些针锋相对过了几十年，到了六十岁以后才下决心离婚的夫妻。也有那些吵闹了一辈子，闹了一百次离婚也没离成，最后还是牵着老伴的手去看夕阳的夫妻。

好婚姻需要"天时地利人和"的成全，而坏婚姻只需要一个人"够坏"就够了。我更愿意相信，每一场婚姻都是赌博，有人赢得漂亮，有人输得痛苦不堪。人生没有走到最后，没人敢说我们赌赢了。

婚姻的幸福感与结婚、离婚的早晚其实并没有必然、直接的关系。只是，我们似乎可以通过"尽晚结婚"来提高婚姻这场赌博赢的概率，通过"趁早离婚"来降低我们输得更惨的概率。

希望你运气够好，能初次上路就得遇良人；如果运气不够好，在婚姻的河里发现自己上错了船，也要有勇气及早下船。最重要的是，我们要始终能为自己的选择买单。

单身不可耻，只是一种选择而已

（一）

我经常会收到一些读者的留言："你再婚了吗？"

如果恰逢有空，我就老老实实地回答："没有。"

对方往往会来一句："那你离什么婚？"

这种对话常常逗得我哑然失笑。

很多人衡量一个人离婚离得值得，标准不是你离婚后是否过得比以前幸福，而是你有没有再婚。在他们的观念里，离异后单身＝过得凄惨，离异后再婚＝过得幸福＝你的离婚是值得的。如果你不再婚，那即便离婚后你活得不再痛苦，他们也认为你的人生是失败的。

我们生活的世界，婚恋价值观已经倾向于多元，但在绝大多数普通人那里，还是顽固地认为"只有结过婚生过子，才是完整的人生；如果你单身，那你一定过得很悲惨"。接着，一波针对单身人士的歧视悄然兴起。

单身人士都很难相处、单身人士没有性生活所以喜怒无常、单身人士很有可能是同性恋……这就是人们对单身人士常有的负面印象。

即便没有这些毛病，这些歧视单身的人想要表达的中心主题无非是：你真失败！你真不幸福！你真可怜！你肯定很孤独很不幸福！

一旦对方有了这种思维，那接下来我们不管跟对方谈什么都是对牛弹琴。你若说"我觉得单身生活挺好的"，对方也会觉得你在伪装。

可是，我觉得结婚只是人生阶段的开始，婚姻只是一种生活方式，并不是"幸福终点站"。人过得幸福与否，与结婚与否并不成"正相关"的关系。结婚＝幸福，单身＝痛苦，这样的论断太过武断。

（二）

疫情期间，有个单亲妈妈生病了，那几天她确实过得有些狼狈、无助。就因为这样，有人开始拿她离婚的事来说事，说什么"这就是离异人士对想离婚的已婚人士的实力劝退"以及"一直单身的话，老了病了都没人照顾"。

在我看来，生病是一个"人"一生中会经历数次的事情，这里的"人"不分已婚和离异。已婚人士也会生病，生病了也会显得有些狼狈和无助。能带给你安全感、减轻你无助感的，从来不是婚姻本身，而是某个能给你温暖的、对你不离不弃的人。

把一个离婚人士生病时的无助感上纲上线到"离婚就这下场""一直单身的话，老了病了没人照顾"，实在有点儿片面。

婚姻不是万能解药。靠谱的从来不是婚姻，而是具体的人。这个"人"，不一定局限于伴侣。病了、老了以后，愿意照顾你的人，可以是儿女、朋友、伴侣、父母，还有钱。伴侣只是"靠谱的人"当中的一环而已。在"一直单身的话，以后病了老了没人照顾"这种语境中，人们片面夸大了伴侣的重要性。

我身边也有一些人患癌后，伴侣头也不回地离开的，这种打击对他们而言无异于雪上加霜。

抱着"老了有人陪、病了有人照顾"的想法去找伴侣，这本身就有点儿不对劲儿。我们找伴侣，是希望能和他一起度过一段丰盛的人生、一起面对生活给我们的惊涛骇浪。我们的出发点是"一起"，是"陪伴"，是"彼此付出"，而不是单方面地对对方有索取、有所求。不然，谁有义务单方面来照顾老了病了的你呢？人家肯照顾，也是因为你拿出了东西跟人家进行了"交换"。

对于女性来说，"结了婚，老了病了就有人照顾了"这种想法，是该改改了。老了病了有没有人照顾，主要看你是一个怎么样的人。得道多助，你人好，会有很多人帮你。

说到底，婚姻并不保险，你还得靠自己，你才是自己的医疗保险、养老保险。

就我自己的体验来说，离婚后的路并不很难走，单身生活过久了居然也会上瘾，因为可以随心所欲按自己喜欢的方式去生活，可以痛痛快快地做决定而不必考虑另一个人、一家人的意见。每一天，日子都过得很充实。或许偶尔我也会内心惶恐，但我学会了站在更高的角度去看待。或许偶尔我还会想起从前，但我已学会了放下和感恩。

我是真正的享受着这种自由、无拘的状态，并没有被所谓的孤独、凄苦所笼罩，我不需要谁拯救我于"水深火热"之中，这并不意味着我排斥男人和婚姻。如果他日出现一个看得上我、我也看得上的人，我相信自己也能为他的生活增彩。

如果我们本身内心虚弱，就更不该期待某个异性来补足。如果你把爱情视作是救命稻草，把伴侣视为雪中送炭的人，那么，你可能会承受更多的失望。但如果，你只是把爱情视作"锦缎上的花"，是一味调剂品，那么，没伴侣，你可以潇潇洒洒地过；有伴侣，生活便是"锦上添花"。

以前，我总觉得张爱玲一个人最后老死在美国的公寓里好惨，现在我觉得，这挺正常的，人反正横竖是死，最后以什么样的方式离开这个世界，都是命中注定

人痛苦的根源之一就是企图回避那些你必须要面对的事，比如孤独、死亡。单身并不可怕，可怕的似乎是一直都学不会和自己和孤独相处。

（三）

无数案例告诉我们：婚姻其实也只是一条未知的路。既然是路，就有可能鲜花满途，也有可能荆棘遍地，或是既有鲜花也有荆棘。多留个心眼

儿、多给自己留条后路、多给自己的生命安全加个保险，绝不是坏事。谁都不知道枕边人会变成怎样的人，不知道会遭遇怎样奇葩的对方家人，不知道这条路上会暗藏什么凶险，又会导致怎样惨烈的后果。

在婚姻这条路上，有人求仁得仁，与另一人携手收获温暖与幸福，有人则遭遇无尽的伤害。认识到这一点，也许我们就不会再那么执着于践行"只有婚姻幸福，人生才圆满"的价值观了。人生幸福的答案有很多种，婚姻不是唯一的幸福归途。

我不反婚也不反育，就是觉得婚育权是一种自由。别人的婚育意愿，也轮不到我来反对。歧视单身者，这是不对的。但是，单身者歧视有婚育意愿的人，也是不对的。歧视就是歧视，不能因为这个动词之前加上"反向"二字，就变正义了。

把婚姻看得 100% 神圣或 100% 恶心，何尝不是另一种形式的偏见？婚姻只是人生选择之一，跟学业、职业本无不同。

我觉得婚姻就跟叶子似的，而叶子就跟人生似的，有的叶子千疮百孔，有的叶子造型奇特，有的叶子嫩绿，有的叶子枯黄……完美是不存在的，但美好可以存在，只是看你怎么去看待。

现在，也有一些年轻姑娘会发私信问我："我一辈子都不结婚可以吗？"

为什么不可以呢？我觉得婚姻这玩意儿就像玩蹦极、坐过山车。有的人去玩，付出了金钱，收获了快乐。有的人去玩，却受了伤，甚至丧了命。别人玩，你可以跟着玩，也可以不玩。几天不吃饭、睡觉、喝水，你会死，但一辈子不玩这种项目，又有什么关系？

不玩这些娱乐项目，又不犯法，也没碍着别人。倒是"这个人居然一辈子没玩过蹦极、过山车，他好懦弱哟"这种舆论，才是该被鄙弃的。而一个已经建立了自我核心价值观的人，不会轻而易举地被这种观念所绑架。

不管是结婚还是单身，都只是一种生活方式，一种人生选择。

每个人都有适合自己的生活方式。如果你喜欢跟伴侣在一起热热闹闹地生活，那么就去找一个良人，择一城终老。如果你想要将单身进行到底，旁人也不必因着世俗的偏见而进行各种劝婚甚至逼婚。

人到中年，我发现身边的人各有各的不容易。结了婚的，有结了婚的烦恼；单身的，也有单身的苦楚。有些烦恼和苦楚，是生而为人必经的，跟你是已婚还是单身无关。

找寻幸福的方式有千万种，选择跟另外一个人缔结婚姻只是其中之一。简单粗暴的分类方式永远都不能带领我们走近真理，尊重我们和别人之间的不同以及每个人的独特性，才是解决困惑最好的路径。

一个人过得是否幸福，应该以自己内心的感受为准，而不该由这种所谓的常识、那种所谓的理论或者是"别人认为怎样"来定义。

不婚不育保平安？没必要！

（一）

一个网友问过我这样一个问题："感觉全世界到处都是优秀、善良、独身的女孩子，女孩子美妆，女孩子创业，女孩子独立带娃，女孩子事业突飞猛进，都很好；另一方面，99% 的情感提问都是女孩子，女孩子几乎把科普博主在内的所有大 V 都逼成了情感专家。是我看到的世界是这样，还是全世界都是这样？上网久了，真的好想见到一些真实的可爱的善良的男孩子，感觉自己快得仇男症了。请姐妹们告诉我，这个世界到底还有没有正常的男生？就算不做男朋友，也想有点儿人生的希望啊。这样下去，我都不敢结婚了。"

我回答了她两个版本的答案。

一个是调侃版的："好男人太少了，供不应求，还被渣女消化了一部分。渣男太多，供大于求，被瞎眼女消化了一部分。眼光好又运气差的好女人只能选择不婚不育了，哈哈哈哈！"

另外一个版本，是认真的版本，我是这么回答的：

第一，不是渣男变多了，是愿意被渣的女性变少了。以前在男人看来很正常的习惯，今天的女性不肯接受了。以前很多农村女性视家暴为"正常"，甚至主动接受男人关于"三天不打，上房揭瓦"之类的洗脑，可现在，越来越多的女人在这件事情上选择"零容忍"了。以前男人三妻四妾，女人还得要很懂事地友好相处、互称姐妹，可现在有越来越多的女性一被戴绿帽就选择离婚……

过去一些看起来"正常"的事情，今天成为"渣的证据"，看起来，自然像是渣男变多了。

第二，秀出来的生活，可能跟真实生活相去甚远。

人人都爱秀自己好看、成功的一面，不到迫不得已不会秀自己的倒霉和衰样。很多女孩子秀的那些光鲜亮丽的生活，未必就是她们生活的全部真相。你以为的"女孩子都很好，而男孩子大多很糟糕"可能不客观，还有很多好男孩不喜欢秀自己的优秀和善良呢。

第三，情感出现问题，女性更容易去外部寻求帮助，而男性大多选择沉默。这样一来，看起来好像是"渣男"比"渣女"多。可实际上，也许有很多男性遭遇渣女以后，压根儿没往外说。

第四，去医院找医生咨询病情的，都是病人，没病的人大概率上是不会去找医生诊断病情的。但是，病人在人群中的占比才多少呢？会因为情感问题上网求助的人，大多确实遇到了情感问题。感情好的人，哪会这样做呢？也就是说，你看到的都是"爱情和婚姻生了病才跑去求助"的人，大部分"爱情和婚姻健康发展着"的案例，被你忽视了。

第五，根据传播定律，树上只有最大、最红、最丑、最烂等"最苹果"才能被人们注意到并传播出去。人的注意力，容易分给那些"特别"的东西。网络不过就是一个传播渠道而已。如果一对男女能够贡献给你的，只是普普通通的生活和故事情节。今天早上吃了油条，中午给彼此打了个电话，晚上回家一起做饭、带娃、临睡前拌了个嘴，后又在睡前和好……这种故事你爱看吗？显然，你会觉得它平淡了，因为它在我们的生活中时常发生。但是，倘若出现一个已婚男瞒着妻子在外头找小姐、一个已婚男贪慕虚荣抛弃青梅竹马的女友当了富家女婿……你一听这种狗血八卦，就来劲了。你的注意力被吸引到这种事情上来，自然就会觉得世界遍地是渣男。可是，网络只是现实生活中的一个角落，是了解现实生活的一个窗口，但我们真不能只从这一个窗口去看世界。

第六，这依然是一个父权社会，被偏爱的总是有恃无恐，因此，我们唯有提高智商和实力，锻炼出自己的火眼金睛，尽力保护好自己。别的男人渣不渣，不该影响到你的判断，你遇到的那一个是个好男人就 OK 了。而且，勇敢地追求婚姻幸福，不可耻。

（二）

话说回来，中国结婚率在连年降低，这是一个无可辩驳的事实。

为什么人们越来越不热衷于结婚了呢？这应该有很多方面的原因：一方面，房价高，结婚、育儿成本高，就业竞争激烈，生活压力大，很多人承担不起那么沉重的家庭责任，还不如单着，或者谈谈恋爱就行。另一方面，随着民众受教育程度增高，大家的观念也在与时俱进地革新，加之社会发展让民众的生活便利度提高，在网上交友也能满足社交需求，婚姻已不再是一个必需品。

年轻人的独立性越强，对他人的忍耐度就越低，而婚姻是一件不仅要忍一个人还要忍一家人的一件事。想来想去，一些年轻人觉得很麻烦，干脆就不结婚了。

父权社会给女性的婚姻红利并不是很多。很多女性一结婚，就直接从红毯走进了厨房、育婴室。等待她们的，是无偿家务劳动、无偿育儿，以及因为要顾及家庭，发展事业时屡屡受限。

男性呢，一旦结婚，爸妈给他买房买车，婚后有了免费性伴、保姆。生了孩子以后，有老婆、自己妈、丈母娘帮着带。出轨了，旁人会劝他老婆"哪个男人不出轨，哪家烟囱不冒烟，为了孩子你可别离婚啊"。只要他每个月给家里贴补点儿钱，孩子长大以后还是会孝顺他、给他养老送终的。

再者，现实生活中，有很多"女性一踏入婚姻就跌入火坑"的案例。有的女性被家暴，但丈夫得不到制裁。丈夫殴打陌生人，可能会被判刑；但如果他殴打妻子，则很有可能被视为"家庭纠纷"，给夫妻双方调解了事。有的女性成为夫家的免费劳动力，还长年累月被挑剔。想离婚，却苦于离婚后连住处都没有，娘家又回不去，只能生生忍着，憋屈到老。有的女性，九死一生生下孩子，却落不下任何好。丈夫不仅不体谅她生产、育儿的辛苦，还大张旗鼓地出轨，让她身心受重创。

或许就是因为类似的案例太多了，一个标语横空出世：男人都不是好东西，不婚不育保平安。

网络上，现在确实也出现这样一种风向：如果一个姑娘坚定地表达自己"不想结婚"、是个不婚主义者，她可能就会赢得"真女权"的荣誉称号；如果一个姑娘说自己"想结婚""恨嫁"，那她就会被视为"父权奴""倒贴货"。

短短几年间，至少在网络这块阵地上，社会风气似乎就由"歧视单身女性"转向了"歧视恨嫁女性"。

（三）

小玉是我的一个女性朋友，三十一岁，单身。前段时间给我发私信倾诉说，她在自己的社交媒体上表达了一下想找男朋友的心愿，就被网友嘲笑她"看不透婚姻的本质""不独立""想当父权奴"。

小玉为何突然发这种感慨呢？是因为头天晚上9点左右她忽然胃部绞痛，上吐下泻，泻到最后只能一直坐在马桶上站不起来。她当时真是非常难受，以为自己要死了。

回忆起当时"生不如死"的感受，她说："我无法用言语形容我的身体不适，胃里翻江倒海，身体稍微动一动就吐。吐到最后，拉到最后，吐出来拉出来的都是水，我连站起来的力气都没有，身体怎么放置都觉得不舒服，胃在抽搐、在扭曲、在战栗，疼痛像狗皮膏药一样粘在胃部，甩不脱，挣不掉。在身体随便动一下就是一波呕吐和腹泻的情况下，我没有办法离开马桶，也没有办法去医院。家里人远在外地，我只好叫来了闺蜜，送我去医院。"

去到医院，小玉打上了点滴，有一种药水打到静脉里，她感觉血管都快要爆裂了。凌晨三点，她的胃部还在抽搐，不过，随着药水进入身体，疼痛慢慢减轻。凌晨六点多，她回到家里休息。不好意思再劳烦闺蜜，她便让闺蜜回家了。闺蜜一走，她就开始哇哇大哭。她给妈妈打了个电话，她妈妈说："你还是赶紧找个人结婚吧。你以后再次碰到这样的情况怎么办，谁来照顾你，谁送你去医院？"

小玉跟我说，我觉得我妈说的话也有道理呀。父母总有一天会离我们远去的。我也真心希望能遇到一个好人，能跟他相互扶持着走完剩下的人生。我表达了一下自己的这点愿望，就是"不独立"了吗？

我说，他们不过是把自己内心对婚姻、对男性的恐惧投射到了你身上，不必太过在意。

小玉说的这事，反映出来的是一种"反向歧视"。以往是已婚人士歧视单身人士，现在是单身人士"反歧视"已婚人士。持这种"反向歧视"态度的人，大多觉得"单身"比"结婚"高贵、高级、高雅。

不知道从什么时候开始，一个女性若是公然表示自己渴望婚姻和家庭，说自己确实有点儿恨嫁，就可能会被贬斥为"过不好单身生活"甚至"不独立""认不清婚姻对女性的盘剥真相"，于是，很多人根本就不敢表达这个渴望了。

不管是单身的明星还是普通人，若是被问到这个问题，人们认可的答案是："我享受单身生活，一个人也过得很好。如果有另外一个人跟我在一起开启更丰富的人生，我也很期待。"

随着"单身保平安""婚姻不是女人的必需品"等言论越来越流行，公然表示自己"恨嫁"的女人就开始受歧视了。

得不到爱情眷顾的人们，慢慢地，在孤单脆弱时都学会了掩饰。他们害怕别人窥见自己的脆弱，害怕别人知道自己有时候也需要一个可以倚靠的肩膀，因为这个社会只鼓吹独立、坚强，嘲笑脆弱和依赖心。

可是，袒露内心深处的脆弱和真情实感，是与他人建立内心深处联结的绝佳机会。很多亲密关系，正是在你向对方展示软肋时建立起来的。我们渴望坚强，渴望独立，渴望活得漂亮，但其实真的没必要装得像个超人一样。

从小到大，我们一直被教化要坚强、要独立、不要依赖人，却少有人教我们应该如何表达悲伤、孤单和脆弱。然而，生活不易，我们不是神，只是普通人，不需要一直强迫自己坚强，我们也有脆弱以及袒露软弱、表达对亲密关系渴望的权利。

生而为人，我们各有各的脆弱和痛楚。有很多事情是人之常情，是人性使然，是人类普遍拥有的正常情绪，它无关阶层，无关性别。大声说出自己的渴望，这并不丢脸。

（四）

梅艳芳在最后一场告别演唱会上穿着婚纱出场，并说了这样一席话："每一个女性的梦想，都是拥有自己的婚纱，有一个自己的婚礼……女孩和男孩的梦想是不同的。女孩子的梦想是，拥有属于自己的家庭，拥有爱自己的丈夫，有一个陪伴终老的伴侣……"

梅艳芳是 2003 年去世的。当时我已开始上网，可当年的网友看到梅艳芳这则视频，大多人给出的回应是：替梅姑没能得到世俗的幸福感到惋惜，梅姑一路走好。

十几年过去了，网络舆论风向全变了。

有人批判她："拜托！她能代表所有女人吗？这是她自己的渴望好吗，关其他女人什么事？生为女人，最渴望的就一定是要得到完美的家庭吗？这种性别成见实在是不能接受！有这种思维的梅艳芳，说白了也就是个封建余孽！"

还有人说："即使事业成功如梅艳芳，也还是会受男权思想毒害的，认为不结婚生子便是此生最大的遗憾。"

能产生这种反思和讨论，我觉得这是个好现象，但我不解的是，为何我们会把自己对某些现象、某些思想的痛恨，发泄到某一个具体的人身上呢？

梅艳芳说的"每一个女性""女孩子"这种措辞，在我看来不过只是一种用语习惯。有时候，我们不好意思直接表达"我想怎样"的时候，就婉转地说"每一个人都怎样怎样"。比如，明明是自己想买大房子，但有的人不想把话说得那么露骨和张扬，可能会习惯性地说"每个人都想住大房子的啦"。这句话的重点不在于"每个人都"，而是"我也是"。

事业成功和结婚生子，也不是矛盾的，二者不是非此即彼的关系。有多少已经结婚生子且过得还算幸福的人，也会渴望自己事业成功。梅艳芳并没有强调：女人只应该有这一个梦想。

她在演绎、歌唱路上走得那么好，事业上那么成功，只是在病痛弥留之际，借一个演唱会讲出了自己内心中最大的缺失。她有这个权利去表达自己的这种渴望，这种脆弱，这种遗憾。

十几年过去了，网络更发达了，但是网友们好像更容易感到自己被冒犯了。

别人说的话、做的事，很容易勾起他们的被害幻想。但凡某个人身上有一个"点"，能让人联想起来其他不愉快的经历，那个人必定会成为活靶子。要我说，别人的想法那是别人的；我们遵从自己的感受说话做事，这才是我们自己的"路线"。

婚姻只是另一个旅程的开始，不是幸福终点站。很多没结过婚的人，会对婚姻保有一定的向往，这不该被苛责。

就像攀爬过山顶的人，可能会告诉正在爬山的人"山上没什么好看的，风还很大"，但还是有无数人想爬上山顶看看。从山上下来的人抑或是压根儿不想上山的人，得学会尊重人家的这种意愿。

更何况，不是所有男人都是"坏东西"。地球上的男人，少说有二十多亿。说这话的人，才接触过几个男人哪，就得出这种结论？

也许，我们每个人都跟某些植物一样，有适合自己的生长方式。

植物界里，有的植物也活得和自己的族类不一样，但其他植物并没有歧视它们、排斥它们、纠正它们。植物们自个儿长自个儿的，浑身的劲儿都拿去吸收空气、阳光、雨露、养分，只活自己的欢愉，只活自己的生死。

　　人类为何就不可以有这点儿宽容心呢？我们都要允许别人在不伤害他人的前提下，成长为他们想要成为的人。你可以围观、好奇别人怎么生长，但不要去嘲笑别人怎么生长。这个世界不需要整齐划一的东西。你害怕别人跟你不一样，折射出来的只是自己内心的恐惧。

　　人能来世界上走一遭，真的太不容易了。生而为人，你需要吃很多的苦，摔很多的跟头，流很多的血和泪。众生皆苦，只要是人，只要还活着，就没有谁是特别容易的。作为母亲，将来我只希望我的女儿能快快乐乐地生活，而不是生活在别人为她设定的枷锁之中。

　　基本的社会行为规范，当然要遵守，但是在私生活领域，我希望她能活得自由。不管她选择哪一种生活方式，她都是我的女儿，我都永远爱她。在不伤害他人、危害社会的前提下，我希望孩子们都能活成自己想成为的样子，而不是父母或社会希望他们活成的样子。

　　希望我们都能自由地做选择、安然地去承受。

相比贞操，脑子才是女性最好的嫁妆

（一）

电视剧《欢乐颂》中，有这样一个情节：剧中有个男生叫应勤，他想找一个处女结婚，所以，当他知道女朋友邱莹莹不是处女时，异常生气。好在，他不"双重标准"，他对自己也有"不发生婚前性行为"的要求。但是，应勤嫌弃邱莹莹不是处女的言行，还是引起了网友的讨伐。

应勤错在哪里呢？错就错在，他对"非处女"有刻板印象。在他的潜意识里，存在这样一个公式：处女＝单纯、清纯、洁身自好、对感情专一；而非处女＝不单纯、不清纯、不洁身自好、对感情随便。这种想法，是不是又愚蠢又武断呢？

也许，那个女人对每一段爱情都是全情投入的，但最后因为这样或那样的原因或是男方不珍惜而没能走到一起，但就因为她和那个男人发生过关系，她就成了"对感情随便"的人了？再者，把贞操留到了新婚之夜的处女，婚后就一定洁身自好、对感情专一吗？

这种刻板印象，是很要不得的。

好多年前我也陪闺蜜去相过亲，男方也是个很有处女情结的人，认为"非处女都是被别的男人玩剩下的女人"。得知我这位闺蜜之前跟前男友同居过，他立马拂袖而去。

闺蜜把这事告诉我，我们还感慨了好一阵。

我们这个社会中，确实有不少男性拥有"处女情结"。所谓"处女情结"，实际上是一种非常典型的"物化女性"的行为。大多数有"处女情结"的男性，潜意识里把女性当成一个物品，希望这个物品是新的，未被"使用"过的。

爱一个人，就要懂得接纳对方的全部，包括过去。看到个"非处女"，你看不见她的人，看不到她的品行、趣味，看不到她对你的感情，满脑子里只想到她被人睡过，那是你自己联想过度，而不是别人真的不检点。

每个人的爱情，都是从相识、拥有那一刻起开始算的。连过去都介意、都想占有，那是控制欲、是越界。从某种意义上来说，处女情结深厚的男性，在意的根本不是那层膜。他们只是不自信，才想要靠"找对方碴儿"的方式，获取某种心理优势。

（二）

有些男性为何有"处女情结"？这跟传统父权社会对我们的教化有关。这种教化使得有些女性也非常认可这一套，但她们对男性却没有同等的要求。

"贞操是女孩送给婆家最贵重的陪嫁！"这种话，我甚至听一些公众人物讲过，其中有一些还是女性。她们认为，女人不漂亮，你的价值就很低了，只有你的贞操才可以让你在婆家站得直。因此，贞操是女孩送给婆家最贵重的陪嫁。

这些言论，是单方面给女性灌输"婚嫁焦虑"。

我曾经收到过这样一条私信："羊羊，你好。我和男朋友发生了关系，可是我自己心里一直有个疙瘩。我一直认为性应该留到结婚之后的，可是现在都已经发生了。我很担心以后若是被男友抛弃了，我是不是就很难找到对象了。"

说真的，没收到私信之前，我还真想不到现实生活中真有女孩这么想。

也可以想见：这位姑娘的贞操观，是建立在男性的需求上面的，是为男性的需求（比如"对女性的独占权"）服务的。

很多女性和她一样，并没有形成自己的贞操观。她们发自内心地认为：女性的贞操很重要，只能留给一个男人。如果那个男人不要自己了，那自己也就变得低价值、不配再得到其他异性的爱了。可是，为什么男人就没有这种焦虑呢？有哪个男人会因为初夜给了女人，就担心自己将来若是分手了，会被其他女性嫌弃呢？

可见，在这种事情上，整个舆论环境还是很"双重标准"的。女性一直被置于被评判、被挑选、被审视的"客体"位置上，而男人则是评判、挑选、审视女性的"主体"。

这样的女性，遇到嫌弃和打压自己的男人的概率反而会增大。倒不是男人有多么强大的洗脑能力，而是因为她们潜意识里就认可"非处女，价值更低"的价值观。

（三）

关于贞操问题，有两个颇有名气的男性之间有过这样一段对话。

A 男问："假如我再婚的话有两个选择，一个是美女，可她和 N 个男人上过床；一个是丑女，可她是处女，哥们儿你看如何是好？"

B 男略加思考后说："你得想明白，你究竟是愿意跟一帮人分吃蛋糕呢，还是喜欢一个人独吃牛粪呢？"

B 男的回答很机智，但我觉得这种回答还是预设了这样一个前提：女性是被男性挑选和评判的对象。他们看不到女性作为"独立人"的属性，只看到女性能"为我所用"的部分，即初夜权、美貌。

事实上，不管是"被分吃的蛋糕"还是"独吃的牛粪"，这种表述都蕴藏着对"非处女""长得丑"的女性的物化和歧视。"处女膜破了"的女性，相当于被别人吃了一部分的蛋糕。长得丑的女性，则直接被视为"牛粪"了。

我认为，女性何时能摆脱这种"客体"的地位，变成真正的"主体"，重新定义自我的价值，甚至能站在"主体"地位去评判男性，那么，属于女性的光明未来才会真正到来。

亦舒的小说《玫瑰的故事》里，有这样一个情节：男人得知女人结过一次婚后，对她说"我会原谅你的"。

女人勃然大怒，直接怼了回去："我有什么事要你原谅的？我有什么对不起你的，要你原谅？每个人都有过去，这过去也是我人生的一部分，如果你觉得不满——太不幸了，你大可以另觅淑女，可是我为什么要你原谅我？你的思想混乱得很——女朋友不是处女身，要经过你伟大的谅解才能继续做人，女朋友结过婚，也得让你开庭审判过——你以为你是谁？你未免把自己看得太重要太庞大了！"

我不提倡未成年人发生性行为，也不鼓励婚前性行为，只是觉得，成年人的"第一次性经历"只应该被当作是成长的一部分，就像我们第一次会直立行走、第一次会开口说话一样，是一件非常自然的事，它并不是我们人生的"决定性因素"，没必要拔高或贬低。

贞操并不是女孩最好的嫁妆，脑子才是。

相亲被羞辱了，怎么办

（一）

我一直觉得，相亲场像是一个特级人肉市场，只要有买的就有卖的，只要有卖的就有买的，所有看得见、看不见的条件都可以当作筹码，年龄、美色、身材、权势、金钱、地位、性格等都是。

"女人三十打折，四十变垃圾""男人没钱就是 loser"等观念其实早已深深印在一部分人的脑海里了，若是在相亲场合表现出来，基本上这类人眼中总闪着攫取贪婪的目光，多了些刻薄和猥琐。

某回，我和闺蜜一起去逛公园，结果不巧经过一个相亲角，是年轻人自愿参加而不是父母代劳的那种。我们看到某男站在某块高高的巨石上，胸前挂了一个大纸牌，上面写满了他自己的条件以及择偶要求。

我和闺蜜目瞪口呆。

闺蜜哭丧着脸跟我说："天哪，这跟菜市场有什么区别？我们是人啊，是人啊，怎么可以这么明码标价地卖。"

我说："是的，'明码标价地卖'就是相亲带给人的感受。"

在相亲市场上，我们挑选别人，也被别人挑选。我们被人嫌弃，也嫌弃别人……的确有点儿像是在逛商品交流会。很多人推销自己就像推销商品一样，不停地向别人介绍自己的产地、性能、价格、有效期，然后等一个跟自己价值相当的商品发起交易。

在我看来，相亲可能是效率最高但成功率最低的一种找伴侣的方式。

两个之前压根儿没有交集的人，煞有介事地为同一个目标走到一起。装正经，浅交流，互相嫌弃，靠相亲成功走到一起去的人凤毛麟角。

为什么呢？

第一，相亲目的性太强。

相亲之前，男女双方对彼此的经济状况大多了如指掌，人还没去呢，就对对方抱有很强的戒备心理：对方不是看上我这个人，而是觉得我条件好。

很多人心里是抵触相亲的，只不过碍于亲戚朋友的面子，硬着头皮去应付一下。你甚至潜意识里认为这种相亲是不会有结果的，只是抱着"万一能成呢"的侥幸心态去试试，自然也就对结果无所谓。相亲的整个过程，会让人产生一点儿微妙的耻辱感，认为这是在兜售自己以换取婚姻。

我的一个闺蜜甚至曾跟我说过这样一句话：这周末，我爸妈又要安排我去"配种"了。你瞧，她竟把"相亲"称之为"配种"。一旦有了这种感觉，你对那个跑来跟你相亲的人就产生了一点儿厌恶感，给"看对眼"增加了难度。

第二，相亲是浅层次的交流。

相亲只不过是短时间的交流，不能一下子发现对方的优点，但缺点却会被放大。如果我们有足够的时间和异性相处，可能一开始会厌恶对方，但后来随着时间的流逝，慢慢发现对方也有很可爱的一面，内心的感情也会发生变化。但相亲不同啊，相亲是速成的、讲究效率的，你没有充足的时间和机会去了解对方。所以，很有可能对方的发型、衣着，甚至连玩手机的姿势、喝汤的样子都会让你觉得猥琐，进而拒绝人家。

只要去相亲，你总会遇到形形色色的人，甚至有一些是让你始料未及的。遇到的奇葩越多，你越是后悔自己干吗要去相亲，简直就是自取其辱。

当然了，我们在这里只是分析不成功的原因，因为有人的确在相亲中找到了自己的真爱。比方说，我前面提到的闺蜜，后来通过相亲认识了现在的丈夫，两个人结婚六七年了，夫唱妇和，婚姻幸福。还有的人更狠，几乎把每一个相亲对象都拓展成了自己的客户。比方说，我认识一个在银行工作的美眉，几乎让每个跟她相亲的男士都在她所在的银行开了一张信用卡。

（二）

相亲场合，也是"精神打压"的高发场合。

"过度自信"的男人在社会中占的比率比较高，因此，相亲场合中，女性被他们羞辱的情况也是大量存在的。没办法，父权社会中的女性，常常被置于被评判、被挑选的客体地位。女人看不上男人，可能就委婉地说一句"我们不合适"；男人看不上女人，则可能会很直白地指出你所谓的"缺点"。

比如，前几天，我接到一个网友的私信，内容如下：

"羊羊，我遇到一个相亲对象，他也是离异，问我为什么离婚，我说前夫家暴、出轨。然后，他就说我特别恶毒，说他不能跟我在一起，不想跟我相亲，说害怕自己也会遭到这样的诋毁。我觉得特别生气，这根本不是诋毁，我只是在说一个事实。"

说真的，作为一个旁观者，我听着都有点儿气愤。探究一下这个男人的心理，我们不难发现他的深层次动机。很显然，这个男人，把自己代入了网友前夫的角色。为什么这么迅速地代入她前夫的角色呢？因为他很有可能跟网友的前夫是一路货色，说不定比她前夫更恶劣。女网友的实话实说，竟让这男人产生了恐惧心理，因为他也担心自己的劣迹会被他的前妻往外说，所以，才会如此恼羞成怒。恼羞成怒怎么办？先下手为强，直接说别人"恶毒"。

一个女网友最近出去相亲，原本对男生还蛮有好感的，但因为对方一番言论，现在她觉得对方很倒胃口。事情是这样的：某日，男生很委婉地说她偏胖，如果能减到110斤以下，绝对是一个美女。男人都是看脸蛋儿和身材的，女人必须要有合格的颜值和身材，有趣的灵魂才能被看见。

她把这事反映到了微信群里，群里有人劝她："你们这都还没建立恋爱关系呢，他就在话里话外开始嫌弃你了。我个人建议你还击回去，问问他是不是有房有车、月入几何。嘿，灌输焦虑，谁还不是千年老狐狸？你倒我一杯，我敬你一壶。"

在这里，我非常想跟大家讲讲我的故事。

二十三四岁时，我跟当时的男友闹过一次分手。

"分手"后，我出去相亲，也常常被人嫌弃。有男士嫌弃我学历比他高，压了他的风头。有的男士嫌弃我婚前独立买了房子，婚后不能跟他一起还他婚前贷的房贷。有的男士也不是真的嫌弃我，只是觉得应该要打压一下我比他优秀的"嚣张气焰"，这样，他才能放心地跟我这款女人交往。

面对这种人，我的惯常操作是：拉黑，江湖不再见。有心情的时候，我也会反唇相讥。真要比嘴毒，我是丝毫不逊色的。

我曾经被一个男生嫌弃我不是处女。

他问我："你有过男朋友吗？"

我说："有过啊。"

他略有些失望，继续打破砂锅问到底："那你们上过床吗？你懂我的意思吧？"

我说："也有过啊。"

跟他吃完饭，我回家上电脑，无意间发现他的QQ签名改为了：我只是想娶一个处女做老婆而已，为什么这么难呢？

刚好当天我心情不好，看到这话，我还大哭了一场。

十几年前，网络上、生活中充斥着大量贬低女性的言论，我那时也没觉醒，对男女关系、性别平等没有自己的思考。我只觉得这些嫌弃我不是处女的男人不大对劲，但又说不上他们哪儿不对劲。

再后来，我和当时的男友真分手了，之后又玩票式地出去相过一次亲，结果同样的剧情又上演了。

男方问我："你跟前男友在一起几年啊？"

我说："超过三年吧。"

他说："那你们……肯定有过那层关系了？"

我假装听不懂，问他："哪层关系啊？"

他说："那个。"

我说："你说清楚点儿，哪个？"

他说："就是那个。"

我装作恍然大悟的样子："哦，你说那个啊？有过。怎么了？你介意这个？"

我明显感觉到他对我有点失望，但他只是扶了扶眼镜说："是个男人都会介意的吧。"

我说："那你呢？难道……你都这么大年纪了，还没有过？"

我当时是想着，如果他回答"有过"，那我就骂他玩"双重标准"。如果他"没有过"，那我就反过来歧视他还是个处男。

他先是不说话，后来点点头说："我很洁身自好的。"

我说："什么意思？你的意思是，我不洁身自好？"

他又点了点头说："我觉得是的。"

叔可忍，婶不可忍。我突然提高音量，在餐厅里假装特别惊讶地说："天啊，你都快三十岁了还是个处男？哈哈哈哈哈哈哈！"

我声音很大，餐厅里坐在其他桌的人都看了过来。

之后，我付了一半饭钱，走人了。

我不是嫌弃处男，只是要他知道，你嫌弃我，那我也嫌弃你。

（三）

有些男人一旦看到某个女人处处比自己优秀，就不自觉地开启打压模式。你经济条件好，他就说你颜值不及格、身材不够好。你经济条件好、颜值和身材都还行，他就说你性格强势。总之，他总能精准地找到你所谓的薄弱点，对你进行精神打压。

打压的目的是什么？或许是心理优势，方便控制啊。

真的希望年轻姑娘们能明白一点：会对你实施精神打压的人，就是没那么爱你，而且，对方还非常没礼貌、没涵养。

一个男人若是拿"你不是处女"这事来贬低你，只能说明他自己没自信。潜意识里，他害怕你拿他去跟别的男人比较，才要"先下手为强"，试图从道德角度打压你。

真正对自己有信心、有魅力的男人，是无惧你拿他跟别人做比较的，因为他们有这样的自信：比较到最后，你还是会选我。若是不选我，是你没眼光。

自我稳的男人，就是这样的。而依靠打压套路、依靠贬低伴侣才能获得自信和控制感的男人，都挺鸡贼的。

因此，当一个男人表露出任何嫌弃你的意思，不要犹豫，不要彷徨，立马扭头走，不要再给他任何纠缠你的机会，更不要拿出他们制造的镜子自我观照、自我改造。

如果他们频繁开启打压模式，真以为自己就是宇宙中心，以为自己就是评判万事万物的标尺，还拿出一面镜子要求你对照自己时，请你毫不犹豫让他们也照照自己。

我知道，现实生活中还有很多女孩子，还在寻爱的路上。还有很多人，通过相亲的方式，想遇到一个意中人，但每次都败兴而归。

很多女孩无比沮丧地问我："我自己条件不错，对男方的要求也不是很高，可怎么适合我的人那么少呢？"

我说："这可能是结构性的社会问题。优质男供不应求，没办法。"

对此，我想借我卖车位的事情，给出一点我的"小思考"。

正如你所知，车位成交率很低，因为它只能在同一个小区里各个业主之间流转。如果小区太大的话，车位价格就飘忽不定，毕竟，每个楼栋车位的供需情况也不一样。

我那个车位离我房子太远，对我形同鸡肋，但前段时间还是以高出心理价位的价格卖掉了。对买家而言，我卖这个车位是"瞌睡遇到枕头"，因为车位离他家的房子超近、离取电源的地方也超近，适合安装充电桩，而那一带的车位又只有我一个人有意向卖。

之前有人看过那个车位，但因为离他家也有点儿远，且他们家也没有安装充电桩的需求，就各种压价。当时，我买另外一套房，急需资金周转，但总觉得就那样把车位卖出去像是贱嫁女儿一样，心里很不爽，就先借钱渡过了难关。后来，我暂时不缺钱用了，就遇上了这样一个买家。车位所在的位置和买家的房子相得益彰，也算是资源配置的最优解了。

我突然联想到：我们每一个人，在择偶、择业时，何尝不像这个车位呢？

在 A 面前，因为你不契合 A 的需求，你可能被各种嫌弃、贬低、不被尊重。但是，到了 B 的面前，你就是沧海遗珠，你的闪光点正好契合人家的需求，你们天造地设，像螺丝钉遇上了与之相匹配的螺丝帽。

比如说，相亲时，人家要找的是免费保姆、生育工具、育儿师、养老护工，而你是一个经济和精神都很独立的职业女性，那你自然就不符合人家的需求。又比如说，找工作时，人家需要的是技术宅，而你能说会道、更适合去做销售，那你也会被老板嫌弃，还会被压低薪资。

真不是你不好，只是你的长处无法弥补别人的短缺之处。这是一个双向选择的过程，不是谁嫌弃谁、谁挑剔谁。

人家看不上你，你还看不上人家呢。人家若是想打压你，那你当场打压回去就好了。

找到那个契合你的人、那份契合你的工作，我们的人生会丰富、精彩、有意义很多。只是，大部分人在这条寻找的路上，既没智慧和耐心，也没魄力和运气。

送给姑娘们一句话：珍藏好自己，努力提升自我，开开心心过好每一天。遇到奇葩男也没关系，他们进不了你的目标市场。找到懂得尊重你价值的、与你价值观契合的人再考虑结婚。如果实在找不到，那大不了就先单着，这有什么不可以呢。

现代女性反打压指南

（一）

前段时间，一个读者朋友向我倾诉，她被自己最亲的闺蜜"精神打压"了。

"精神打压"是什么意思呢？是批评，贬低，辱骂，暗示他人，在心理上、精神上不断地给予对方打击，否定对方的能力和价值，让对方产生自我怀疑、自我否定的情绪，从而变成自我价值感极低的人。

这位读者的前夫因为赌博输了十几万，还骗了她钱，又跟公司和外面几个年轻女孩撩骚、摸人家大腿引发家庭大战的时候，她找最亲的闺蜜诉苦。

没想到，闺蜜听完后，一句安慰她的话都没有，第一句就是："一个巴掌拍不响，你有没有检讨自己啊。"她当时就觉得很郁闷，自问每天上班忙死下班掐着点飞奔回家照顾一双儿女煮饭洗衣累得人仰马翻，够尽责了呀，而她的前夫天天骗她加班，她都信了。她根本不明白自己到底错在哪里了。真有错，也是错选了这个男人而已。

后来，她考虑清楚要离婚了，她那个最亲的闺蜜又说："你都这把年纪了，带着一双儿女怎么过啊，还能再婚吗？"她回复："人家那谁、那谁谁也离婚啦，找不找人不也照过吗。"这个最亲的闺蜜回答她说："人家是谁，可你又是谁啊，你能跟她们比吗？！"最后，她忍无可忍，拉黑了这个闺蜜，对方至今依然在抱怨她听不进意见，说"忠言逆耳"，还说自己好心被当成驴肝肺。

我把这个故事在微博上分享了出来，有一个女网友说这个女人要反省，就是因为她包揽了一切家务，才导致男人有精力无处使，跑出去乱搞。

唔，听起来好像很有道理的样子，但本质上也是打压话术。这位网友可能也就是想找点儿"我比被绿的女人聪明"的优越感，而且，逻辑还不大过关。

这话预设了这样一个前提：我们让另外一个人怎么做，另外一个人就一定要怎么做。可问题是：这可能吗？我要你把你兜里的钱全部给我，你会照做吗？

同样的道理，你以为你"让"一个会赌博、会到处去撩骚的丈夫参与育儿、做家务，他就真的会去做吗？不，更多的时候，即使他们闲在家里，大概率上他们也只会玩手机的好吗？

（二）

每个人在人生中，都或多或少地经受过别人的精神打压。小的时候，我们可能会被父母打压；到了学校，可能会被老师或同学打压；进入职场，可能会被领导和同事打压；结婚了，可能会被伴侣或伴侣的父母打压。

我们每个人的身边，都有几个说话特别"耿直"的人，而他们说出来的每句话，几乎都包含了贬损你的味道。

你发一张照片，他们会说："我实话实说，你长得不好看。"

你说一句话，他们说："你声音真难听，像把尖刀刺进了我心脏。"你做一件事，他们说："你这人怎么这样？做这么点儿事都做不好！"

不管你说什么、做什么，对方总能找到能打压你、贬损你的"点"。

我不大理解这种"耿直"。胖子可以自己调侃自己胖，丑人可以自己调侃自己丑，但您直接上去说人家胖、丑，是不是很没教养？

你若怼回去，他们必定又会说你："哎呀，你怎么听不进去真话呢？都得夸你对吧？"搞得你只想回击："是啊，都得夸我！难不成我是为了让你贬损我？"

打压的本质，不是在提点你，只是通过打击你的方式，矮化你的精神和自尊，让你产生服从心，方便别人控制你。

拒绝被打压，需要很强大的精神内核。

第一，你得觉察到，别人这是想打压你，不要让自己落入这种圈套。

一个人打压你，你可能不以为意；两个人打压你，你开始怀疑自己；三个人打压你，你可能认为他们是对的……你所有的精力都拿去审视自己：是不是自己不够好，是不是自己不配得到爱。长此以往，你只会变得更自卑、更怯懦。

第二，你得奋起反击，拒绝被打压。人和人是平等的，你不该成为被他人居高临下凝视的对象。

第三，如果你能量够足，还可以反过去打压他们，让他们也尝尝被人贬低、打压的滋味。

怎么反打压？一方面需要底气，一方面也需要技巧。而且，底气比技巧更重要。

底气的部分，别人没法教你，因为这是靠自己积累的。你有实力了，自然就不怕失去。不怕失去，也就无惧别人的打压。

底气不足的时候，面对强势方的打压，我们很有可能得忍气吞声，但你要明白：对方这是在打压你，你不要买账。一个会打压别人的人，素质也高不到哪儿去。你的眼睛，要尽量盯着自己能从强势方得到的利益。这些利益逐步积累到一定程度，就会变成你反打压的底气。

我认识的一个朋友，刚入职的时候老被前辈挑剔、欺负。那会儿，他每天蹬个破自行车上下班，连骑车姿势都会被老前辈公开嘲笑。每次被嘲笑，他就顺着老前辈的杆子往上爬，把老前辈置于高处。比如，他会回复："我就一个愣头青，还是您优雅，您今天的发型挺好看的。"虽然，那老前辈的"两片瓦"发型，在年轻人看来真有点儿油腻、滑稽。但是，老前辈听到这样的夸奖，更加得意了。第二天上班干脆给头发上了摩丝，整个人显得更油腻了。

在几年的时间里，这位朋友成长得很快，早已成为那个老前辈的上司。现在那个老前辈到了他跟前，根本不敢再造次。

因此，面对强势方的打压，你完全可以换个心态：你把我当笑料，我把你当攀云梯。

如果你底气比较足，随时可以跟打压你的人撕破脸，那你可以立刻远离、拉黑对方，抑或是当场反击回去。比如，如果有人说你丑，你可以反过来嘲讽人家个子矮、口臭，毕竟，每个人都有软肋的。

这个就看个人的性格是怎样的了。

我自己是比较温柔的那一挂，也想为自己积点口德，所以，若不是特别生气，面对恶意打压我的人，一般也就远离了事，让负能量在我这个环节终止，不然若是沾上个狗屎，跟对方纠缠久了，我还得去洗鞋。

如果时间、精力足够，反击的代价小，你也可以反唇相讥，让那些习惯性打压别人的人在碰到你这颗硬钉子后，收敛自己的言行。

（三）

所有"精神打压术"的第一步，就是让你产生焦虑。焦虑一旦产生，你就想解决焦虑，而对方若是刚好提出了一套方法，你就很容易将那套方法与你的问题联系起来，并试图通过想象"这套方法能解决我的问题"的方式缓解焦虑。就这样，你很容易步入别人为你精心设计的陷阱。

想把别人对你的精神打压粉碎在萌芽状态，就需要你对此保持警惕。

你一旦意识到对方试图对你进行精神打压，就立马开启自我防卫机制。这种自我防卫机制如何开启呢？我的方法不是"减轻自我焦虑"，而是"引发对方的焦虑"。

焦虑谁都有，它很难减轻，因为每个人都有自己搞不定的事情、达不到的愿望。况且，如果你是从减轻自我的焦虑的角度出发去反击，很有可能要跟对方打很长时间的口水战。你们俩之间的战火，还是燃烧在你的领土上。

但是，你可以转移焦虑。比如，把自己的焦虑转变成打压你的人的焦虑，把战火燃烧到对方的领土上。

对方打压你时，基本上就是把自个儿当皇帝、当评委、当主体，把你当评判对象、客体。这种时候，你不要接对方的招，在确保自己安全的前提下，直接把对方从不能平等看待你的高台上给拽下来就行了。

不妨参照下面的一些情景。

对方说："你就是个好吃懒做的主儿。"此时，你千万不要回答："我不是，我都做了什么什么，我根本就没有好吃懒做。"你可以直接反击回去："你就是个窝囊废，没有皇帝命却一身皇帝病，你还真把自个儿当根葱了。"这种时候，就轮到对方去自证清白，证明自己不是窝囊废，证明自己没把自己当根葱了。

如果有个男人向你灌输年轻和容貌焦虑，跟你说："再过几年，你人老珠黄，就真的嫁不出去了。"听我的，别接招，不要输出自己"我活着不是为了嫁人"之类的价值观，直接反其道而行之，向对方灌输财富焦虑："你要是一直这么穷，也娶不到老婆。娶到了，你老婆也会离你而去的。"

如果一个理发师、按摩技师、儿童兴趣班推广员不停说你发质不好、身体哪儿有问题、孩子不学什么科目会输在起跑线上，目的只是为了向你推销项目，那你也不要接招，直接回应"我在你隔壁那家办了卡"，让他们产生竞争焦虑。

如果一个人倚老卖老，拿自己丰富的经验作为资本不停地来打压你，你完全可以翻个白眼儿：你年纪比我大，早晚会退出历史舞台的。对方想给你灌输经验焦虑，你反过去灌他一壶年龄焦虑。

不要接他的话茬儿，不要自证清白，不然你很容易被推进对方的逻辑里。最正确的做法，就是不要接招，直接进攻。

为什么？因为进攻就是最好的防守。

就像两个人打球，如果别人传给你的是篮球，那你可以稳稳地接住，再来个漂亮的"三步上篮"。可如果你觉得对方的那个球不是篮球，而是羽毛球，那你就要操起球拍把羽毛球给拍过界去。

羽毛球，哪里来的，就请它滚回哪里去。

比如：

他："你长得不好看。"

你："没你难看。"

他："你太胖了！"

你："你嘴太贱了！"

他："你怎么听不进去真话呢？"

你："你怎么长了个人嘴却不停吐狗屎呢？"

早些年，我也跟农村的亲戚有过类似的言语交锋。

当时，我婉拒了一个远房姨妈找我借钱的要求。我没借，因为我知道她就是一个赌徒。

我前脚刚拒绝她，后脚她就说我："你怎么这样忘恩负义啊，你小时候我还抱过你。现在去了城里生活，看不起我们乡下人了是不是？隔壁那个某某，就跟你不一样，人家不忘本。每年过年回家都给亲戚发红包，你说都是大学生，但人和人的差别怎么这么大呢？"

我说："我同事的姨妈，在她上大学时老给她寄家乡特产，在她毕业后还给她介绍工作。她姨妈知道她一个人赤手空拳去城市里打拼不容易，从来不给她添麻烦，知道她有房贷要还，她姨妈连过年礼物都不让她送……你说，都是姨妈，但姨妈和姨妈的差别怎么就这么大呢？"

那个远房姨妈听我说完，脸都绿了。

面对这种打压，我的策略是：实力和条件不允许的情况下（比如遭遇"职场打压"），先不接招，暗自努力。如果条件允许，请当场反击回去。

永远不要因为别人打压你一顿，就觉得世界崩塌了。真正对你好的人，会认认真真给你提建设性的意见。打压你的人，不是真的为你好，他们只是想打压你、让你乖乖听话去维护他们的利益而已。

（四）

身处一个父权社会，女性被打压的情况会更多，而且，很多女性的反打压意识是比较弱的。她们经常因为别人给了自己负面评价，就开始自我怀疑、自我否定甚至自我攻击。

换而言之，她们似乎比较容易用别人的价值尺度来衡量自己。

女性当如何反打压呢？你的首要任务是：保持清醒，认清什么是打压，建立反打压意识。

父权社会打压起女性来，话术真是一套接一套，可大家发现没有？很多劝慰女性的话语，本质上都在维护男性的利益。

咱们随便举几个例子：

"浪子回头金不换。"

言下之意：遇到浪子了？你要忍，忍耐成金。

"男人结了婚（或当了爸爸）就成熟了。"

言下之意：现在不成熟是暂时的，你先忍着点儿。等结婚了、生了孩子，你这只煮熟的鸭子就很难飞走了。

"男人一辈子都是小孩子。"

言下之意：男人都是小孩子，你要一辈子当他妈。

"男人就是用下半身思考的动物。"

言下之意：男人出轨了，你要忍，他们本性如此；女人则不行，女人不该有性欲。

"离婚男人是个宝，离婚女人是根草（离婚男人是二手房，离婚女人是二手车）。"

言下之意：女人不要随便离婚，离婚后男人升值，女人贬值。

"女孩子，拼什么事业，嫁个男人，回归家庭就好了。"

言下之意：把职场利益，让给男性。找个普通男人给他洗衣服、做饭、生孩子、伺候他全家，被欺负了也不敢离婚。

"女孩子买什么房子呀？让男人买啊，你直接出点儿装修钱、陪嫁辆车就行了。"

言下之意：婚后成男方家的劳动力，帮男方家还房贷，离婚后装修、车子贬值，你可能一毛钱都分不到。

如何辨识哪些是金玉良言，哪些是大坑？把所有劝慰你的话，互换个性别：

"妓女从良金不换。"

"女人结了婚、当了妈妈就变成熟了。"

"女孩子一辈子都要当公主的哟。"

"女人都是用下半身思考的动物。"

"离婚女人是个宝，离婚男人是根草。"

"男孩子，拼什么事业，娶个老婆就好了。"

"男孩子买什么房子呀？让女人买啊，你直接出点儿装修钱再买辆车就行了。"

很多看起来很"正常"的事情，互换个性别就会显得"不正常"了。而我们一定要树立"我本位"意识，把自己的利益放在前面，不要轻易接受别人的打压。

如果人家说你活得太"以自我为中心"，完全不必在意。我们就是自己人生的主角，我不活得以自我为中心，难道活得"以你为中心"？

作为母亲，我们在培养女儿的时候，也要尽量避免女儿被那些擅长精神打压的男性"围猎"。

第一，从小教育孩子，要自尊、自爱。你是个怎样的人，只能你自己说了算，别人打压你、贬低你，是别人没涵养、没礼貌。哪怕那个人是她的老师或是有其他权威身份的人，一旦对方说出打压你、贬低你的话，你可以立马从心里把他拉下神坛。请告诉女儿，真正有教养的人，哪怕是批评你，也会考虑你的感受，注意方式方法的。

第二，不要一味地鼓励女孩要温柔、要恭顺、要听话。请告诉她：爱自己是第一位的。听话、顺从不一定能得到你想要的东西，因为人都是欺软怕硬的动物，你的软弱和妥协，只会让别人变本加厉。别人对你温柔，你可以当一只猫。若是别人试图打压你、虐待你，你要立马变成老虎。不要惧怕当强势女人、"母老虎"，人们贬低这类女人，实在是因为一般人从这类女人身上占不到什么便宜。

第三，鼓励女孩子不要太把父权社会那套评价女性的标准当回事，特别是"只准州官放火，不让百姓点灯"的那一类。亲密关系中的男女，人格、地位、尊严应该是平等的，一旦发现对方姿态站得太高，你要么站上去，要么把他拽下来，大家和平共处，谁也别想压着谁。

（五）

实不相瞒，我以前也很在乎别人的看法，被人打压了也不敢回击，可这两年，我感觉自己确实越活越舒展，越活越任性。

年少时，因为人丑家贫，我过得特别自卑，每天弓着身子行走，活得像虾。青年时期，因为学习好、工作还不错，我开始慢慢建立起了一些自信，学会了如何在社会中游走，活得像鱼。现在，因为已经形成稳固的、坚硬的精神内核，外界的声音对我的影响甚少，我开始慢慢活出了一种"随心所欲不越矩"的姿态，活得像螃蟹。水陆两栖，在自己的世界里横着走。

所谓成熟，大概就是这样，学会了客观全面地看待问题，并形成了一套能自圆其说的价值观体系。

对女性来说，找寻到真我、懂得维护自己内心的秩序，是比"走上征途"更为重要的人生课题。

当你活成自己生命里的绝对主角，那些路过的阿猫阿狗就影响不到你了。

雌竞心态会伤害女性自己

（一）

不知道大家是否还记得这样一个真实案件：2013 年，一个孕妇以身体不适为由，让一个女孩送其回家。在家中，她骗女孩喝下掺有迷药的酸奶，供其丈夫强奸。事后，夫妻担心事情败露，合力将女孩闷死。

孕妇为什么会这么做？因为她丈夫偶然得知她之前曾和多名男子偷过情。夫妻两人的关系降至冰点，她想要弥补和挽回丈夫，所以就动了为丈夫猎艳的念头。

该孕妇从小便生活在男尊女卑的家庭中，以至于丈夫打骂她，她都觉得"不怪他，那是因为我有错"。而把另外一个好心送她的女孩子骗回家供丈夫奸淫，是她能为丈夫做到的极致。

说真的，相比孕妇丈夫这样的禽兽，我觉得孕妇更加可怕、没人性。

她就是传说中的"父权怅鬼"。这种完全把自我工具化的怅鬼，越是对男人跪舔得厉害，就越是对同性毫不留情。

这当然是极端个例，但说实话，生活中那些特别懂得替男人着想、特别容易心疼男人的女人，还真有不少。这类女性的共同点就是：雌竞心态特别严重。

所谓"雌竞"，就是女性为争夺男性的恩宠钩心斗角甚至互相厮杀，同时站在父权视角凝视并要求其他女性迎合男性。她们把女性视为竞争对手，甚至不惜踩着其他女性往上攀爬，以赢取男性的优待。对待男性和女性，她们总是持"双重标准"：同样一件事情，男人做了，是情有可原，而女人做了，就是罪无可恕。

一个农村老汉的老婆，因为老被丈夫家暴，后来扔下孩子逃命去了。很多村妇会骂那个女人："好狠心啊，为了自己的幸福，连孩子都不管了。"说到这个农村老汉，她们脸上又露出同情的神色："哎呀，这个男人好可怜啊，老婆跟别人跑了，他那么大年纪了，还得一个人拉扯孩子。他们家那个厨房啊，脏得人落不下去脚。这日子过的，实在太可怜了。西村不是有个寡妇还没嫁人吗？你们谁去做个媒？这老的小的，过得实在太可怜了。"

看到一个女人的老公出轨了，她们第一反应是：一定是这女人不够贤惠、不懂沟通，我老公就不会这样，因为我是一个睿智的女人。

看到一个妈妈吐槽"男人在家里不管事，是甩手掌柜"，她们不谴责男人不承担这些分内之事，反而打压起这位妈妈来："男人的臭毛病都是给你们这些号称'为母则刚'、多苦多累都要强撑的女强人给惯出来的。"显然，对方这话预设了一个可能根本就不存在的大前提：所有男人都是会对家庭、对孩子主动负责的。如若他们不是这样的，那一定是女人的错。

她们这种心态，多像那些一听到媳妇抱怨儿子出轨，就脱口而出"谁让你管不住男人"的婆婆。

有时候看女性世界，会觉得像是看一个大型宫斗戏现场。男性掌握着绝大多数的资源，女性被关在一个狭小的空间里，为父权社会给她们留的一点点利益争斗不休。掌握了资源的男性高高在上，而她们从生到死，都只把同性当成自己的仇人。

有时候，哪怕你呼吁的话题是为了整体女性好，她们也会本能地站在男性立场上去思考问题。比如，她们反对给男性做结扎手术、反对男性参与家务、反对女性拥有与男性平等的权利，仅仅因为她们生的是儿子。

我觉得，她们大概是被父权社会压制得太久了，以至于忘记了自己可以和男性拥有平等的地位、人格、权利。她们似乎不知道，女人也不需要通过讨好谄媚来获取利益，因为真正尊重你的人，需要的并不是你的讨好和献媚，而是和你互惠互利、互相尊重。

（二）

一个女明星因为天气热，穿得稍微暴露了一点儿。正常人看到她的穿着打扮，可能会来一句"哇，身材好火辣"，但是，有的女人却会将此事上升到道德层面，对该女明星进行人身攻击。

一个女性对穿着有点儿暴露的女明星进行道德羞辱，骂人家是"骚货"，很多时候并不是人家真的"没有道德"，而是这位羞辱别人的女性感受到了威胁。一方面，她们难掩自己的嫉妒心。她们嫉妒别人比自己身材好；嫉妒别人穿得这么露，还能露得好看；嫉妒别人轻而易举地就获得了关注度。无法安放这种嫉妒心，怎么办？试图从道德方面寻找对手的瑕疵，对同性实施荡妇羞辱。另一方面，是担心"自家的男人"的目光，被"骚货"给吸引了过去。

确实，有些男人不喜欢自己的爱人穿着暴露，因为他们潜意识里觉得这个女人的身体是"自己的"，很怕被别人看了去。但是，如果"别的女人"穿得暴露，他们则是乐见的，因为他们会觉得自己像是占到了便宜，看到了"别的男人的女人"。本质上，他们还是把女人视为了"男人的私有物"。而这些站出来唾骂女明星的女性，确实很善于站在"女明星的伴侣"的角度考虑问题，觉得她的身体被其他人看到，是对她的伴侣的一种"损失"。她们似乎没办法欣赏同性的美、同性的特立独行，只把同性当成是和自己抢夺男性资源和关注度的竞争对象。就这样，对连街头走过的美女，她们也按捺不住自己的嫉妒心。

要我说，漂亮女性和好看的花、美丽的景色一样，都是稀缺资源。学着像欣赏美景一样欣赏这一类女性，接受她们也会有普通人都会有的缺点，不行吗？

以前，我和伴侣一起走在大街上时，若是遇到长相和身材好的女性，我也会忍不住多看几眼。我就觉得，街头的美女也是"美景"的一部分，我干吗要拒绝这种美呢？干吗要动不动就觉得别人是"狐狸精"和"骚货"呢？有美女出现，大大方方地看就行了。

我对自己的魅力感到自信，所以不排斥另外一种魅力。

假设我身边的男人很容易就被这样的美女给勾走，那我转头离开就行了。这种时候，错的又不是美女，而是容易被美女勾走的那个男人。我不是被"其他美女"伤害的受害者，我自己对自己的人生还是保有绝对主动权的。

所有的嫉妒，都是源于不够自信。比如，对美貌女人的嫉妒，究其原因是因为你自己内心深处对"好"的评判标准只有"是否足够美貌"这一种。

倘若你真的认为"好"的标准不是只有"美"这一种，且对自己的存在感有足够的自信的话，你或许也能跟我一样：看到个美女，就想多看几眼。

眼前的这个美女，对你而言，跟美花、美景、美食并无二致，都只会让你感慨"人间值得"，那么，你又怎么会产生对她的诋毁欲、摧毁欲呢？

当你完全抛却雌竞思维，懂得用一个"人"欣赏另一个"人"的眼光去看身边那些美貌、优秀的女性时，你就会觉得：她们都跟花儿一样，各有各的美。

（三）

我们总说男女平等之路困难重重，其实很大一部分障碍，就是女性自己设置的。有的女人只会为难女人，只会看不起女人。家庭里，婆媳斗，姑嫂斗，妯娌斗，女人一锅乱粥，男人坐着看戏。职场中，"下位者"女性互相下套，只是为了争夺男性"上位者"的青睐。

那些对女性最深的恶意和歧视，往往就来自女性本身。

家庭关系里，斗来斗去的都是女人。就拿婆媳关系来说，两个女人相互为难，你责怪我不干家务，我责怪你不带娃。我就想问一句：这个家庭里的公公去哪啦？丈夫去哪啦？

越是擅长迎合男性的女性，越容易对同性表露出这种"恶意"。她们那种"只有我这样的女人，才能赢得男人喜欢"的神态，很容易让人联想起那些霸住洗手间镜子照来照去的姑娘。一见有其他女性靠近，她们脸上立马呈现一副"丑女滚开，就你长那样也配照镜子"的表情。当然，到了男性面前，她们立马就能换成一副讨好的嘴脸。尊重、同理心对她们而言是奢侈品，仿佛不靠贬低和打击同性，她们就再找不到高人一等的优越感了。

她们，一个个的，长的是女人的身子，却拥有男人的脑袋。关键是，还有很多女性视这种现象为"正常"，并自觉维护这一套已经运转了几千年的秩序。一见有人想反抗这套规则，她们就帮着"镇压"。

我觉得，这可能是远古时代就刻在女性基因里的本能：漫长的父权社会，已经把女性教化成了男人的附庸，让她们只习惯用男人的视角去看待和审视自己和同性，却忘记了自己也可以是主角，自己也可以确定"女性"的审美标准。

父权思想根深蒂固，特别是打着"为女人好"名义的奴化教育，其实严重伤害了女性的独立人格、创新精神和思考能力。那一套"夫为妻纲"的人身依附关系，实际上会使得女性无条件地在人格上低男性一等，在任何时候都臣服于权威而不敢质疑。

这套打压教育，哪里有什么平等和民主，这是典型的"奴才哲学"。偏偏还有很多女性喜欢做这样的奴才，还挥舞着父权大棒去欺辱和要求同性。

要我说，女性其实也可以分为"平权女"和"父权女"两大阵营。

"父权女"需要讨好"男性主人"，因此，把女性视为敌人、竞争者、与自己抢资源的人，以踩低、战胜同性为乐。别的女性不够漂亮、身材不够好、没有伴侣、不能生育、生了女儿等等，很容易激发她们的优越感。她们终身在女人窝里战斗，视"女性魅力"为最核心的竞争力。她们很难对异性产生嫉妒之心，但对同性就会。看到同性，她们的第一反应就是"把她比下去"。

"平权女"主张女性的主人就是自己，自己就是自己命运的最大负责者。她们很少有"等靠要"的思想，想要什么就自己去奋斗，哪怕这样会辛苦一点儿。对待异性，她们可以合作，但不跪舔。对待同性，在涉及全体女性权益的事情上，她们大多想团结、协作，彼此抱团取暖。她们大多能欣赏在各个领域做出过杰出成就的女性，并乐于向她们学习。或许，她们也会有想超越其他女性的心，但这种想超越之心，是基于别人的实力而不是性别。也就是说，换个男性来，她们也会有类似的心境。

井底之蛙最羡慕那些无视井内规则、在天空自由自在飞翔的飞鸟，它们永远过不上这种自由的生活，就只好拿着井内对青蛙的评判规则来要求飞鸟，希望飞鸟们早日到井中，和青蛙一起过着所谓"幸福"的生活。那就祝它们永远在水井里待着吧，让它们在自己的认知格局里翻滚吧。

我们要努力飞升，成为懂得欣赏同性、与同性守望相助的女性。

真心希望女性们也能团结一点儿，不要再为了争抢男人以及他们所带的资源而撕来打去，都二十一世纪了，还一个个活得像是古代后宫里的嫔妃，这样挺让人看不起的。

警惕"性隐私"报复事件

（一）

前几天，我看到这样一个女孩的求助，大意是：她男朋友总是想拍她的裸照和私密视频，她不同意，然后男朋友就不高兴了，她不知道自己要不要同意男朋友的要求。

对这个问题，我的建议是这样的："你要是不愿意，那就不可以让他拍。即使你愿意拍，那也要掌握对等原则——他拍你的，你也可以拍他的。这样，即使将来你们俩分手了，你也拿着对方的把柄，不用太担心被威胁。但是，这种东西，能不拍的话，还是尽量不要拍。因为你拒绝就给你甩脸子的男人，根本就不尊重你。"

情侣情投意合时，拍下私密照片和视频，分手后彼此要挟的案例（主要是男方要挟女方），我们实在是听得太多了。

曾经有这样一个新闻：一个姑娘跟男方相识于象牙塔，开启了一场轰轰烈烈的校园恋爱。一次，男方在宾馆向姑娘提议拍摄两人的性爱视频，她同意了。四年的时间内，两人又接连拍摄了大概三十余部的视频短片。后来，两人分手，男方接受不了被甩的事实，于是在境外论坛发布了之前的开房视频，甚至配上了女方的身份证照片。这些情况，女方并不知情，后来男方求复合时，她也觉得自己对男方余情未了，就同意了。

2018年初，两人的感情再次出现了裂痕，女方正式提出分手。几个月后，女方在公司里找到了合适的另一半，岂料前男友由妒生恨，决定要报

223

复女方，遂四处传播与她的开房视频，甚至将这些视频传播到了女方所在的公司群里。女方受不了巨大的舆论压力而辞职，并向警方求助。后来，男方因触犯了刑法，被警方逮捕。

我觉得这男人除了品质低劣，智商也低，真不明白他这样做有什么意义。他以这种"下三滥"的方式报复女方，自己又能从中得到什么好处呢？女方因为他的曝光行为被议论，他自己被绳之以法，这不就是典型的"损人不利己"吗？他当真以为自己曝光了前女友的艳照，围观群众就只觉得女的淫荡，而不会觉得他很无耻和猥琐吗？

我认为，所有不经前任允许，消费或者泄漏、公开前任私密照片、视频、细节的人，都是毋庸置疑的人渣。

彼时，前任愿意和你产生亲密行为、允许你拍下 TA 的私密照片和视频，表示 TA 对你非常信任。除非对方同意你向别人公开，不然这些东西都是专属于两个人的"秘密"。一个有素质的人，对待旧爱应该有这样一种态度：虽然我不再爱你了，但我依然尊重你。确切地说，"尊重"是对待所有"人"都应该有的态度。这个"人"，不分前任、现任，不分性别，不分职业，不分长幼。

把前任的私密照片、视频、细节等公开，不管是为了炫耀还是为了报复，都显得特别愚蠢且无耻。如果是为了炫耀，说明这种人本身就是个混蛋。自己浑身一无是处、一无所长，才会拿这种东西来给自己脸上贴金。如果是为了报复，更说明对方本身就是个"拿得起，放不下""爱得起，输不起的"loser。

（二）

我的一个朋友，跟我提过她和男友分手的原因：她无意间听到她男友跟哥们儿讨论她在床上的表现。而他的那些兄弟们，都以睡过多少女人为傲，并四处找哥们儿吹嘘自己又"睡服"了谁，又收集了哪些女人的艳照。

她说："当听到他们那些猥琐的笑声时，我浑身鸡皮疙瘩都起来了。在那一刻，我觉得我是他的外人，他的哥们儿才是他的'自己人'。"

有人劝她，两人一路走来不容易，一定要为这么点儿屁大的事情分手吗？她回答："我不觉得这是小事情。我特别讨厌那种跟别人大谈特谈自己和女友床笫细节的男人。在他们眼里，女人是用来炫耀自己的资本之一，是自己的床上战利品。他可以不爱我，但不可以不尊重我。他这真是把无耻当成光荣了。"

除却少数从事特殊职业的人外，绝大多数人都害怕自己的私密照片、视频被公之于世。但是为什么公开女友、前女友私密照片、视频以及性爱细节的男人，远远多过女人呢？为何公开女性的这些隐私，会对女性产生更大的杀伤力？我觉得有两个方面的原因。

第一，整个社会都把女性的身体当成被看、被赏玩的"客体"，一个全裸女性比一个全裸男性更能激起人们的围观欲。

人们对男性裸露身体产生了一定的免疫力。一个男性若是裸奔，感到害羞的、被冒犯的竟然是女性。而一个女性若是被曝光裸照，就能"一石激起千层浪"。

当真是女性的身体更有可看性吗？我觉得只是文化习惯问题。

也正因为如此，我时常有拍摄一个反讽电影的想法：在这部电影里，女性可以光着上身去打球、游泳、泡温泉，而男性必须要穿裤衩、贴胸贴，大家对这一切习以为常。男性得购买各式各样漂亮的胸贴，哪个男性的胸贴若是掉了，就会被嘲讽，就只能躲在厕所里不敢出来。当人们对女性的裸体产生了免疫力，而男性时刻都需要贴胸贴时，那么，没有贴胸贴的男性就更容易引起人们的围观。

这就是一个文化习惯的问题。

第二，女性被赋予了比男性更高的"性道德期待"。

一个男人到处眠花宿柳，人们会说他风流，更有甚者，还有赞他魅力大的。一个女人若是多谈了几次恋爱、多上了几次床，就很容易被人们钉在"荡妇"的"耻辱柱"上进行公开羞辱。

更可悲的是，很多女性对同胞也有这样的要求。她们很容易从"我睡过的男人少，她睡过的男人多。所以我纯洁，她淫荡"的这种认知中，找寻到优越感。

所有对被曝光私密视频的女性进行荡妇羞辱的人，那些仗着自己没拍过私密视频就指责这些受害女性不检点的女性，持的都是"受害者有罪论"，可这是不对的。

（三）

在丹麦，曾经发生过这样一起事件：2011 年，十七岁的丹麦女孩 Emma Holten 和男友分手了，男友把 Emma 和自己的私密床照公布到了网站上供全世界"狼友"观看。Emma 不断收到邮件或留言，很多人骂她是荡妇，让她发更多的照片出来供大家围观。当时，Emma 感到自己被全世界扒光看了个精光，一度非常抑郁。

三年后，她的想法变了，她干脆找了一个摄影师一起拍摄了一组自己的裸体照发到网上。在这组摄影作品中，Emma 赤裸着身体去做日常在家要干的琐事，刷牙、洗脸、梳头、看书……

她说：

"现在的我比十七岁时成熟了，虽然我被全世界侮辱，但我再也不会因为自己的身体或者追求性的想法而羞愧！我之所以敢站出来，就是想让那些有同样遭遇的姑娘别再痛苦了。

"我想告诉所有的受害者：也许你们是孤单的，但错不在你！你当然有权利拍下私密照片或者录像，那些找上门骂你的人只不过是得不到存在感的蠢货罢了。相信我，好人还是多的，而且我们会为你而战！"

韩国艺人具荷拉与男友 A 某分手后，遭到男友的殴打、恐吓，甚至被打到子宫出血。男友以曝光她的性爱视频威胁她，说要断送她的演艺生涯，为此，她甚至放下身段，在电梯口向这个恶魔般的男友下跪。

具荷拉的下跪视频被媒体曝光后，引发了韩国女性的大游行。网民们于青瓦台网站请愿严惩像 A 某一样的"'性隐私'报复"罪犯。只可惜，具荷拉后来还是自杀了，没能看到 A 某被绳之以法。

随着社会的发展，我们有理由相信：未来，那些对女性实施"'性隐私'报复"的人，只会越来越为人们所不齿。不过，我个人还是建议姑娘们要保护好自己。

不管你有多爱那个人，都不要跟他拍下任何可以被人当成把柄攻击和伤害的私密照片、视频，以免留下后患。除非，他也允许你拍他。大家彼此都拿着对方的把柄，这种情况你就稍微没那么被动了。但是，能不拍的话，还是尽量不要拍，毕竟，也有可能会出现因一方保管不力导致私密照片和视频不小心流出的情况。

最后，我还想说：这个社会对女性已经有足够多的恶意，女性看到其他同胞成为"'性隐私'报复"的受害者，更应该守望相助、共同抵制，而不该落井下石，加入嘲笑她们的队伍。

身处一个父权社会，女性更应当要团结、守望相助，大家联合起来谴责、抵制、曝光那些侵害女性的行为，这样，就少一个女性受害者因不知情而再入狼口。

不要小看这一点点的同理心和小善举，女性的团结真的会给那些无耻之徒造成心理压力和震慑力的。不法者大多欺软怕硬、欺个体怕团体，如果每个人都能做到"路见不平一声吼"，汇聚起来就是一股能震慑到他们的强大的力量。

有时候，我们声援其他女性同胞，也是在变相地保护自己。男性对于女性的处境，是无法感同身受的。我们也不要嫉妒或污名化那些优秀的、出色的女性。如果有越来越多的女性掌握决策权、话语权，女性的权益才有可能得到重视。

人与人之间的关系无外乎两种：对立与联合。女性若是只知道内斗，只知道为了男人打得头破血流，那么，最终只会造成"鹬蚌相争，渔翁得利"的结果。我们只有团结起来、联合起来，做彼此的支撑，才能对抗那些对女性的歧视、恶意和不公。

成天内斗，不该是女性之间人际关系的打开方式。同为弱势群体，我们对陌生的弱势应该有更深切的悲悯和同情。越是艰难，我们越要守望相助。

　　为你，为我，为我们的女儿们。

请勇敢地拒绝"相貌羞辱"

（一）

二十年前，我们很容易就在公共的温泉池、游泳池遇到这样的场景：一群猥琐男聚在一起，点评这个女人的胸不够大，那个女人的屁股不够翘，走来的这个女人的身材还行但脸不好看，走远的那个女人是"背多分"……他们边点评，边爆发出笑声，而且越说越亢奋。

再看看他们的样貌，一个个秃头凸肚，满脸酒疹和红光，脖子粗短开口腔调低俗，双目浑浊无光，油腻得快要滴出水来。

他们当中，形象气质佳的，一个都没有。可就是自己长成那个鬼样子，还是会对眼前走过的女性品头论足，俨然自己是正在挑选秀女的皇帝。光想象下"这个女人不行，那个女人可睡"，他们就能产生君临天下、批复奏折的权力快感。

这类猥琐男的共同点是：他们没办法独处。

只有在群体中，他们才敢表现并放大这种猥琐。

为什么？因为如果他落单了，他就有可能成为被注视、被评判的对象。懦弱正如他们，根本没法承受这一点点的被注视的压力。

刚参加工作那几年，我真的有在一家酒店的温泉池里碰到过类似的情况。

跟同伴在一起的时候，某猥琐男嬉笑得最大声，狂态尽显。他指着某个穿着泳衣路过的女孩，说人家是"太平公主"；后来，又说另外一个女孩的腋毛没有刮干净，显恶心。

　　那时我也刚二十出头，面对这类猥琐男群体，不知道怎么办。经过他们面前的时候，我只好披上浴巾快步走开。跟我们同行的，是一个长我十几岁的姐姐，她喝住我说："你跑什么跑？人家怎么看你，你就怎么看回去啊！"

　　过了一会儿，刚刚笑得最大声的猥琐男上岸喝茶水，落单了。

　　经过我们泡的温泉区域时，那位姐姐站起身来，趴在温泉池边，开始端详那个猥琐男的身材。猥琐男发现这位姐姐带着戏谑的眼神看着他，突然浑身变得不自在起来，努力吸肚子，并尝试用毛巾遮住像是被蜜蜂叮肿了一样的乳头。

　　刚才在群体里表现得像是皇帝一样的猥琐男，一落了单，顿时活得像一只过街老鼠。

　　看到没有？他的自信，完全是群体氛围撑起来的。一旦离开了群体，他就像是离开了水的鱼，顿时"不成鱼形"。

　　只能在群体背景中找到自信和安全感的男人，大多都是这个样子。

　　收入高？身材好？素养好？有才华？哪一样不需要千辛万苦的努力？而和其他队友一起嘲笑他人、找优越感，只需要发挥想象力在脑子里意淫一下就够了。

　　真正有自我的男人，何须拿群体作为自己的背景？真正有自信的男人，何须去群体中寻找自己行为的正当性？因为真正有魅力的男人，即使一个人待着，也能光芒四射。

　　有些猥琐男，真的活得像是一只蟑螂。和蟑螂兄弟姐妹们聚集在一起时，觉得自己是全世界最伟大的生物，耀武扬威的，认为人类拿它们毫无办法。但是，当人类把灯打开，把喷蟑螂药拿出来，它们需要独立面对人类、独立站在灯光下时，它们顿时自惭形秽、仓皇逃窜，躲回阴暗潮湿肮脏的角落去。

　　多年后，我想起当年那位敢于端详猥琐男的姐姐，觉得她当时真是给我上了很好的一课。

从那以后，我知道：女性不该成为被注视、被看、被评头论足的客体，我们也不该只认同自己的客体身份。作为人，在面对那种猥琐男的时候，我们也可以是主体，可以争夺去看、去注视、去评头论足的权利，以其人之道还治其人之身。

（二）

我们整个社会，对女性的审美其实是有点儿严苛的。这种审美，大多是男性视角。

男女去相亲，如果女方嫌弃男方长得不好看，人们会劝她"不要以貌取人，再接触一下看看"；倘若性别倒转过来，是男方嫌弃女方长得不好看，人们甚至可能会同情他一出门就遇上了个"恐龙"。

网络上的男博主，长得多么"路人"都可以，网友们对男博主的相貌宽容度比较高。换女博主，她们稍微多长了几斤肉，就会被提醒"赶紧去减肥"。总之，男博主可以不帅、可以秃顶，可以长得很路人甚至可以油头粉面、肥头大耳，但女博主必须要美、要瘦、要长得对得起观众。

我们公司做了个业务宣传片，我和男合伙人都出镜了。我们俩把宣传片发给了不同的人，但我发现了这样一个规律：合伙人把宣传片发出去，不管是发给男性还是女性，大家的关注点都在业务介绍上。我发给男性，男性的关注点大多在业务介绍上；我发给女性，女性的关注点几乎全部在我的容貌、造型上。

仅凭这一点，就得出"女性对女性的容貌要求更苛刻"这样的结论，显然不够公允。但是，在现实生活中，我确实能明显感觉到这一点。我随便披个披肩跟男性谈业务，人家就真的只跟我谈业务，事后连我当天穿的是怎样的衣服，人家可能都不记得。如果我用同样的造型跟女性谈业务，人家会记住我当天的造型并且会给我赞赏或建议。由此得出"女性更注意细节"的结论，我并不同意，因为业务细节也是该被注意到的细节。我只能理解为：可能女性更容易注意到同性的样貌细节，并以此作为寒暄的手段。

或许，还是长期的父权社会让我们形成了一种潜意识：女人看男人，首先看财力，以及可转化为财力的才华等东西；女人看女人，首先看颜值和身材。

一个男人站在台上侃侃而谈，人们愿意听他讲了些什么。一个女人若是站在台上侃侃而谈，人们更多关注她"是个女的"、长得好看不好看、身材好不好。如若对方姿色不尽如人意，有些人就生出对她的鄙薄之意。

有意思的，更关心这一点的，往往是女人。对女性的外貌要求更高的，往往也是女人。这也是一种很难被觉察到的"集体无意识"，挺让人感到遗憾的。

相比之下，男性多团结啊，不管自己长得多"歪瓜裂枣""秃头凸肚"，他们都敢于在温泉池、游泳池等场所点评女性的身材，俨然自己是正在选秀的皇帝一般。

女性大多数时候都是被看、被评判的对象，很多时候我们还主动把自己的脖子伸到那套"评价体系"里头去。看着是在戴项链，实际上是在戴枷锁。

如果我们女性都不能欣赏多元化的审美，不敢接受大部分人就是长得很路人，只习惯用男性审美视角来要求自己和同性，我们只会戴上更沉重的枷锁。

在父权话语体系中，女性只能作为"被男性评判的客体"而存在。男性群体掌握了话语权，进而构建了整个社会价值体系和评判标准。什么样的女人是美的、丑的，是好的、坏的，女人怎样做是对的、错的，评价标准几乎是为男性利益而服务的。

群体赋予的正当性，让个体也变得理直气壮、理所当然。

为什么一事无成的男人也敢去嘲笑那些能力、智识比他高出不知道多少层级的女强人？就是因为他们利用了这种群体赋予的正当性。

（三）

　　长期以来，女性一直是被观赏、品鉴的对象、客体，男性却是观赏和品鉴的主体。可是，直到今天，我们当中才有一部分女性意识到：女性在男权中心文化系统中，处于"被观看"的困境。

　　这种"观看"和"玩赏"，其实也是一个"物化女性"的过程，可是有很多女性被物化了却依然不自知，依然要适应男性审美，把自己打造成为符合男性审美的"尤物"。

　　男人喜欢胸挺的，她就去隆胸。也许，真有女性喜欢自己的身体线条更凹凸有致一些，但我觉得隆胸这个行为更多像是在向男性审美妥协。

　　"物化女性"的后果是什么呢？是"男性被工具化"。

　　如果女人被当成了可以被"变相购买"的"物"，那男人也就沦为了需要赚钱去购买"美色"的挣钱的机器。

　　届时，社会上会出现一条隐形规则：没钱就没女人，有多少钱就能买到多美的女人。男性追逐美色，追逐得筋疲力尽；女性为了迎合男性，纷纷自我矮化，把自己换算为商品。

　　男男女女都忙着交易、忙着追逐，要么沦为金钱的奴隶，要么沦为美貌的奴隶。大家在这方面放的精力多了，放在精神上的自我成长、为社会创造价值上的精力就少了。

　　这就是为什么我一直说"两性的立场并不天生就是对立的，解放了女人实际上也就等于解放了男人"。奴隶主需要的是驯顺的奴隶，但一个有前途的社会应该追求平等、博爱、自由。

　　一个"以人为本"，而不是"以男人为本"的社会，应该是倡导每个人，不管是男人还是女人，都能全面自由的发展。

　　女性的美，不该只有胸挺臀翘肤白腿长这一种；男性的成功，也不该只有"赚了大钱"这一种。

　　我们可以欣赏美女、羡慕成功人士，但是，也请对女性在其他方面的美、男性在其他方面的成绩（比如当个好奶爸）多一些赞赏。

只有我们敢于跳脱出男权审美体系，才能领略到女子各式各样的美，才能够欣赏得了女性心灵世界的曼妙风光。

拆开枷锁，人人有责。

尊重女性，从改变"语言习惯"开始

（一）

生活中，我发现随随便便就能找到一些不尊重女性甚至歧视女性的话术，比如以下几个：

"头发长见识短"。

男性的头发一般都比较短，这话针对的就是女性。女性＝见识短浅。

"好男不跟女斗"。

这话的言下之意是：男人是没法跟女人这种生物讲道理的，你要跟她们一般见识，你就不是个好男。

"最毒妇人心"。

这句话搭配"无毒不丈夫""妇人之仁"一起服用，你就能发现它有多"双标"了。

"破鞋""骚货""狐狸精""红颜祸水"。

这是对女性进行羞辱的最常见的词。明明自己不检点，却怪罪女性，认为是她们的勾引让自己乱了心神，动不动就称她们是红颜祸水。

"二手货"。

有处女情结、初婚情结的男人，特喜欢用这个词。女人对他们而言，是一个可用的容器和物件。比这话更恶毒的还有一句话："流过产的女人的子宫，是死过人的房子。"

"母老虎""泼妇""悍妇""男人婆"。

这是对有资源、性格强势的女性的侮辱。你与其说这是嘲笑，不如说这透露出来的是他们的恐惧。你恐惧什么，才想要打压什么。

"老女人""剩女"。

对他们而言，女人就是一棵菜，只有处于鲜嫩状态下的女人才有利用价值。在他们的眼里，女人的全部荣耀，来源于被男性需要。一旦女人老了，就把她们架到母亲这个大神坛上，要求她们去除作为"女人"的属性，只留下"母性"，为家里的男丁"鞠躬尽瘁，死而后已"。

"胸大无脑""事业线"。

这话跟"头发长，见识短"差不多，主要指的就是女性。也不知道发明这个词的人到底有多猥琐，因为他们看一个女人，首先看到的只是胸大。女性取得点儿什么成绩，一定是"睡上去"的。

"内人""贱内"。

分明是女性在家庭中承担了大部分家务和育儿责任，很多女性顶的不仅仅是半边天，有的是三分之二天，有的是全部天。但是，在男性面前，她们还是贱内、内人，是男性的陪衬、背景，绝不可以作为独立的主角而存在。

"×娘们儿""××婊"。

这个×，可以是臭、贱、绿茶、心机等贬义词。说这话的人，对女性的恶意简直都压不住。

"女里女气""事儿妈""娘炮"。

女性是做作扭捏、多事、软弱、不干脆、不果敢等的代名词。

还有一些词汇和话术，带有非常强烈的"男性主体意识"，有物化女性之嫌，比如：

"上了她。"

"泡她。"

"找个老婆传宗接代，延续香火。"

"嫩模。"

"初夜权。"

"捞妹。"

......

相比之下，骂男性的专有名词产品线确实略显单薄。

我这话不是在鼓励大家用侮辱性的词汇去骂男性。骂人和侮辱人，终究是不对的，不管是对待男性还是女性。

男权社会，大多数资源掌握在男性群体手里，规则也多由男性制定，因此，舆论环境对女性确实不大友好，甚至"双重标准"很严重。

中国那么多男皇帝，七老八十了还选秀女、纳妃，甚至还有让外戚干政的，大家觉得正常。武则天养个男宠，只给他们闲职，却被骂了上千年。

有钱老头子找年轻貌美的女性，美其名曰"一树梨花压海棠""老牛吃嫩草"。有钱女人找小帅哥，有钱女人被讽刺"如狼似虎"，小帅哥被斥为"吃软饭"。

强势，就是一个专门用来攻击女人的名词（现实生活中很少有人说男人强势的）。女人稍微有点儿主见、敢于坚持自己的底线和原则，就被斥为强势。

这种固有思维，伤害的也是男性。

男人婚后发迹要离婚，分一半财产给妻子，大家觉得是"应该的"。女的婚后发迹了，要离婚，需要分一半财产给男方，很多人为女方感到不值。男性喜欢粉红色，就会被骂"娘娘腔"。男性想当"家庭煮夫""护士""保姆"，也会遭受歧视……

男权社会让女性丧失了很多可能，也让男性丧失了很多机会。可是，大家都只以"人"，而不是"性别"来看待彼此不好吗？

除了上床、上厕所、干力气活，刻意区分男女、搞双重标准，真是没什么意义。

语言习惯，是思维习惯的反映，二者有时候还是互为因果的关系。你有这样的思维，才会说这样的语言。你经常说那样的语言，久而久之会形成那样的思维。因此，改变我们的语言习惯，或许可以在不知不觉中改变我们的行为。

（二）

1909 年 3 月 8 日，美国芝加哥女工为争取增加工资、实行八小时工作制和拥有选举权举行了盛大的游行示威。第二年，第二届国际社会主义妇女代表大会把这一天作为国际妇女的节日。

如果我们不了解妇女节的起源，可能不会知道，妇女解放和男女平权，是一条充满血泪和荆棘的漫漫长路。

女性拥有受教育权、出版著作权，也只是这一两百年里的事而已。

奥兰普·德古热（Olympe de Gouges）在 1791 年发表了《女权和女公民权宣言》，呼吁女性也该拥有受教育权，结果，不久后她就被推上了断头台。

德国音乐家范妮·门德尔松的许多作品是以弟弟费力克斯·门德尔松的名义发表的，因为当时没有多少出版商愿意出版女性的作品。

男女不平权的社会，不管是男权社会还是女权社会，都没有一个性别能一直爽。女权社会中的女性，要承担更多家庭责任。男权社会中的男性，则被迫上进，几乎被剥夺了当"家庭煮夫"的权利。

不信大家可以想象一下：女性在社会生活领域被打压得多严重，热爱家庭生活的男性若是不出去工作，就有多受歧视。剥夺了女性外出征伐的选择权，也就剥夺了男性当"家庭煮夫"的选择权。

不平权的社会，就是一场双输的战役。而一个正常的、健康的社会，应该允许人（不分男女）去做自己真正热爱的事。因此，还是平权社会好，男女各顶半边天，每种生活方式和选择大概率上都能被尊重。

营造一个更平权的社会氛围，不仅仅是女性自己的事情。男人如果想和女性建立更平等的关系，如果想让自己的孩子有一个没被侮辱和损害过的母亲，如果想让自己的女儿将来少受到一些不公平的对待，也应该和女性一起，共同创造让女性感到更安全和更受重视的社会和文化。

当然了，关爱女性权益，更多的只能靠我们自己。

真心希望每一个女性都能明白：我们是女人，但首先是一个人，一切"人应该拥有的自然权利"都应该拥有，一切"人可以追求的美好生活"都可以去追求。

我们首先是一个人，一个自然人，一个大自然孕育出来的个体，然后，才是女人，才是拥有各类属性的其他角色。

我期待着有一天，女强人不再被认定为缺乏女性魅力的人，家庭主妇的劳动能被尊重和认可而不会被认定是"需要男人养"，期待我们的女性不会动不动就被贴上这婊那婊这类对女性怀有深深恶意的标签。

我期待着有一天，女性不会因为终身不婚或选择"丁克"就被视为"古怪"，不会因为过了三十岁或者离异就被视为"掉价"。

我期待着有一天，女性能获得真正意义上平等的就业权、财产继承和分割权，即便家里有兄弟、即便婚姻结束也能争取到属于自己的正当权益。

我期待着有一天，真正的女权主义者不会被污名化为蓬头垢面又老又丑没人要且婚姻不幸福所以戾气重的人。女权不是反婚、反男、反自我提升，也不是"你干活我享受"的霸权，而是人权，是权利、义务的再平衡，是自尊、自省、自爱、自觉、自理、自治。我期待有一天，当有人倡导这样的女权时，不会被视为怨妇或"女权癌"。

我期待着有一天，我们这个社会绝大多数男性能放下姿态去了解女性，尊重女性的意愿，关注女性的权利，不把她们视为性工具、保姆、人生陪衬，不把她们视为和你抢夺社会资源的洪水猛兽，并尝试从她们身上学习女性独有的坚韧与智慧。

我期待着有一天，女人的功绩不会被历史抹去，全社会都能看到她们散发出的光芒，接受她们以平等的姿态和男性一起站在颁奖台上。

我期待着有一天，男人都能明白：解放女人就是解放男人自己，男人"为妇人哀"不是娘炮，不是孬包，而是悲悯，是美德。真正的绅士对于女性和儿童都是充满尊重、平等相视的，我期待我们的社会这样的绅士越来越多。

我期待着有一天，媳妇不再被婆家刁难，女性不再被逼生儿子，女婴死亡率不再高于男婴。

我期待着有一天，社会能平等对待女性的诉求和权利，舆论能对女性多一些宽容，在她们需要法律和社会援手时能不感到寒心和绝望，在她们摔倒在人生路上时不再承受单单用来约束和苛求女性的社会道德和舆论的"二次伤害"。

我期待着有一天，我们女性都能自爱、自立、自强，勇于追求独立人格与梦想。我们的青春和人生不需要别人来负责，我们能以平等的姿态和男人肩并肩站立，和他们一起共同构建更平等、和谐、健康的两性关系。

我期待着有一天，我们的这个梦想能实现，社会能正视和尊重我们女性的智慧、能量与力量，我们能和男性共建更和谐美好的世界。

一个社会送给女性最好的礼物，不是三八节，不是一年一度的讴歌，而是以上这些。